講義のはじめに

はじめまして

　はじめまして。河合塾数学科の荻島です。この本は，現在数学があまり得意ではないが，受験までにはなんとか得意にしたい，というすべての高校生，受験生のために書いた本です。もちろん，教科書レベルがイマイチな人でも大丈夫です。教科書レベルからシッカリていねいに解説していきます。君たちに必要なのは，数学が得意になりたいという情熱と，そうなるための努力です。

　今の日本は努力さえすれば，医者にも弁護士にもメガバンクの役員にもなれる可能性があります。君たちは未来の可能性のために，今，努力しましょう。私が全力でサポートしていきます。

数学は「なぜ，そうなるのか」の理解が大切

　数学は公式だけ覚えても，「なぜそうなるのか？」を理解していないと，なかなか入試レベルの問題まで解けるようにはなりません。本書は「なぜそうなるか？」を君たちに理解してもらうために，徹底的に詳しく解説をしています。

　しかし，簡単な問題ばかりではないので，一度読んだだけでは理解できないところがあるでしょう。そこは何度も読み直して，徐々に理解を深めていってください。

　君たちにはその地道な努力が必要です。地道な努力によって誰だって，数学の得点力を必ず身につけることができるはずです。

本書で扱う分野

　「場合の数」「確率」は多くの受験生が苦手とする分野です。考え方を一つひとつ身につけてしまえば，決して難しい分野ではないので，苦手意識のある人は何度も繰り返し解き直してください。

　「整数の性質」では「約数と倍数」「ユークリッドの互除法」を扱います。現行課程で新しく追加された分野です。証明問題がいくつか出ていますが，しっかりマスターしてください。

　「場合の数」「確率」「整数の性質」いずれも非常に重要な分野ですので，ぜひ，がんばってください。

本書の学習目標

　本書は，数学が苦手，模試で点数がとれない，「このままではマズイ，なんとかしたい」と思っている人に向けています。

　本書の目標は「偏差値60を確実にとる」ことです。「偏差値60を確実にとれる」状況とは，入試でよく出てくる標準的な問題を確実に得点できる状態です。決して難問が解ける状況ではありません。そのために本書では入試であまり見かけないような問題は一切扱っていません。

　模試を受けてみて，解答を見れば分かるけれども，自力では解けない，という経験はないですか？　そういう人は本書を使って学習していけば，どんどん模試で問題が解けるようになりますよ！

　最後になりましたが，常日頃から私の授業をサポートしてくださる河合塾のスタッフの方々，様々な助言をくださる河合塾の諸先輩方々，技術評論社の渡邉悦司さん，そして私を支えてくださっている全ての方々にこの場を借りて感謝申し上げます。本当にありがとうございました。

2014年3月　荻島 勝

本書の見方

　本書は数学 I・A のうち，「場合の数」，「確率」，「整数の性質」の 3 つの分野を 3 部構成で説明しています。部のなかには講が 6 あり，各講は複数の単元にわかれています。また，各分野の最初にはガイダンスを設け，要点をコンパクトにまとめています。また，「例題」が 32 と「センター問題」が 5 あり，知識を着実に定着することができます。

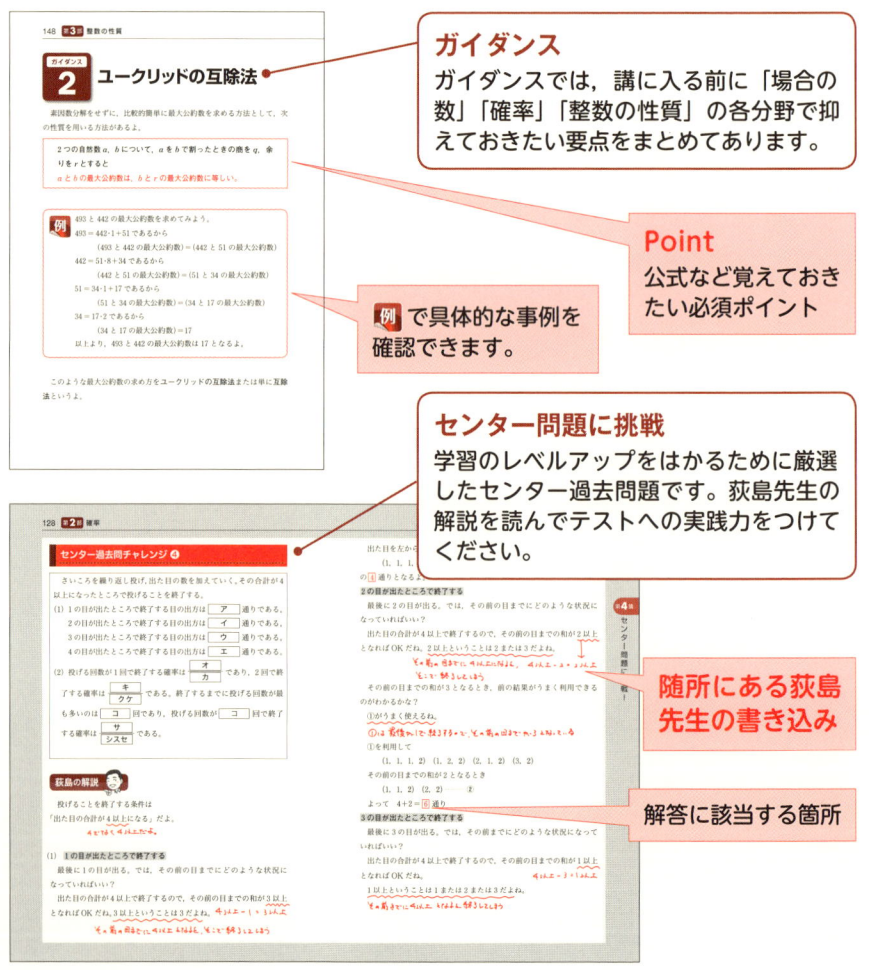

ガイダンス
ガイダンスでは，講に入る前に「場合の数」「確率」「整数の性質」の各分野で抑えておきたい要点をまとめてあります。

Point
公式など覚えておきたい必須ポイント

例 で具体的な事例を確認できます。

センター問題に挑戦
学習のレベルアップをはかるために厳選したセンター過去問です。荻島先生の解説を読んでテストへの実践力をつけてください。

随所にある荻島先生の書き込み

解答に該当する箇所

本書の見方　005

単元のテーマ
講の中にあるのが単元です。単元で学習するテーマが書かれています。

例題と荻島の解説
例題と解説です。荻島先生の講義で，問題をていねいに理解して，得点アップの力をつけてください。

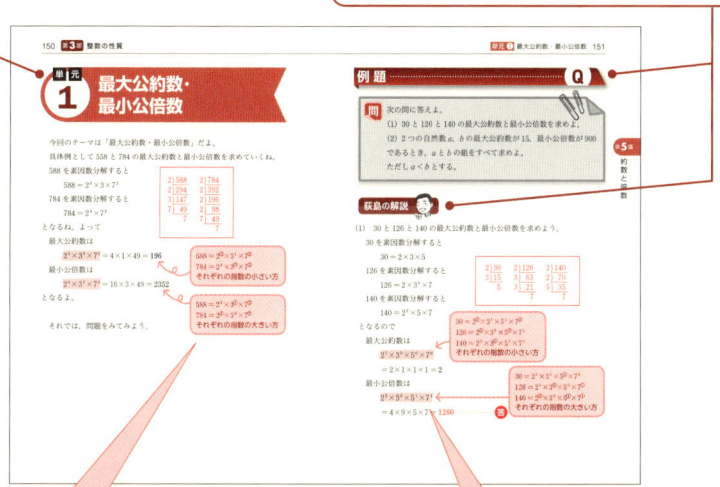

補足ポイント
理解を助ける補足や＋αの知識が書かれています。

マーキング
補足ポイントなどで，注目したいところがすぐわかります。

解答
各例題の終わりに，解答が見やすくコンパクトにまとまっています。

まとめ
絶対覚えておきたい重要ポイントです。各単元の最後に入っています。

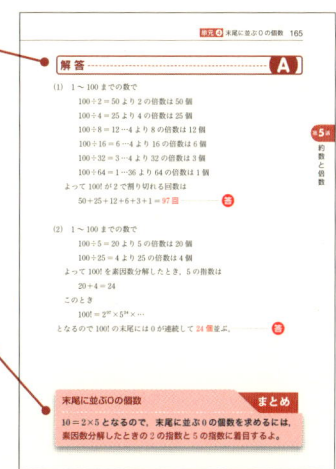

目次

- 講義のはじめに ……………………………………………………… 001
- 本書の見方 …………………………………………………………… 004

第1部 「場合の数」

- ガイダンス
  - 1 集合の要素の個数 ………………………………………………… 010
  - 2 場合の数と順列，組合わせ ……………………………………… 016
- 第1講 場合の数の求め方
  - 単元1 隣り合う，隣り合わない ……………………………………… 022
  - 単元2 円順列 …………………………………………………………… 027
  - 単元3 同じものを含む順列 …………………………………………… 033
  - 単元4 最短経路の問題 ………………………………………………… 036
  - 単元5 組分けの問題 …………………………………………………… 041
  - 単元6 順序が決まっている順列 ……………………………………… 045
  - 単元7 2の倍数，3の倍数の条件 …………………………………… 047
  - 単元8 重複組合わせ …………………………………………………… 054
  - 単元9 二項定理 ………………………………………………………… 057

第2部 「確率」

- ガイダンス
  - 1 事象と確率 ………………………………………………………… 062
  - 2 独立な試行の確率 ………………………………………………… 066
- 第2講 事象と確率
  - 単元1 サイコロの目と確率 …………………………………………… 070
  - 単元2 袋の中から玉を取り出す確率 ………………………………… 077
- 第3講 独立な試行の確率
  - 単元1 反復試行 ………………………………………………………… 082
  - 単元2 数直線を動く点の問題 ………………………………………… 087
  - 単元3 くじ引きの確率 ………………………………………………… 091
  - 単元4 さいころの目の最大値，最小値 ……………………………… 095

|単元5| 優勝が決まる確率 …………………………………… 099
|単元6| じゃんけんの確率 …………………………………… 103

第4講 センター問題に挑戦！
|単元1| センター過去問チャレンジ① ……………………… 110
|単元2| センター過去問チャレンジ② ……………………… 115
|単元3| センター過去問チャレンジ③ ……………………… 121
|単元4| センター過去問チャレンジ④ ……………………… 128
|単元5| センター過去問チャレンジ⑤ ……………………… 135

第3部 「整数の性質」
● ガイダンス
　|1| 約数と倍数 …………………………………………… 142
　|2| ユークリッドの互除法 ……………………………… 148

第5講 約数と倍数
|単元1| 最大公約数・最小公倍数 …………………………… 150
|単元2| $\sqrt{n}$ が自然数となる …………………………… 155
|単元3| 正の約数の個数・総和 ……………………………… 158
|単元4| 末尾に並ぶ0の個数 ………………………………… 162
|単元5| 連続する整数の積 …………………………………… 166
|単元6| 有理数 $\dfrac{n}{m}$ が整数となる ………………… 170
|単元7| 余りによる整数の分類 ……………………………… 173
|単元8| 互いに素であることの証明 ………………………… 177
|単元9| 鳩の巣原理（部屋割り論法） ……………………… 180

第6講 ユークリッドの互除法
|単元1| 【発展】ユークリッドの互除法 …………………… 184
|単元2| 【発展】nで表される2数の最大公約数 ………… 191
|単元3| (　)(　)=整数 ……………………………………… 196
|単元4| 不定方程式 $ax+by=c$ …………………………… 202
|単元5| n進法 ……………………………………………… 208
|単元6| 【発展】ガウス記号 ………………………………… 213

● まとめINDEX ……………………………………………… 220
● さくいん …………………………………………………… 222

第1部 「場合の数」

第1部「場合の数」では「場合の数の求め方」を学習していきます。この分野が苦手な人の原因は「区別するか区別しないかがあいまい」「二重に教えてしまう」などがあります。一つひとつの解法をしっかり身につけていきましょう。

ガイダンス

1. 集合の要素の個数
2. 場合の数と順列，組合わせ

集合の要素の個数

集合と要素

「1 から 50 までの 3 の倍数」
などのように，ある条件を満たすもの全体の集まりを**集合**といい，集合をつくっている個々のものを**要素**というよ。

そして，a が集合 A の要素であるとき，a は集合 A に**属する**といい，$a \in A$ で表すんだ。また b が集合 A の要素でないとき $b \notin A$ で表すよ。

また，要素を 1 つももたない集合を**空集合**といい，ϕ で表すよ。

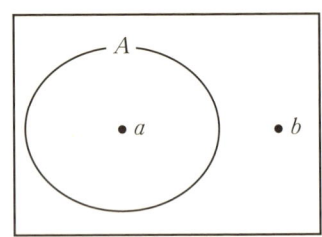

 $A = \{1, 2, 3, 4, 5\}$ とすると
$2 \in A$ であり，$6 \notin A$ となるね。

部分集合・共通部分・和集合・補集合

B のすべての要素が A に属しているとき，集合 B は集合 A の**部分集合**であるといい $B \subset A$ で表すよ。

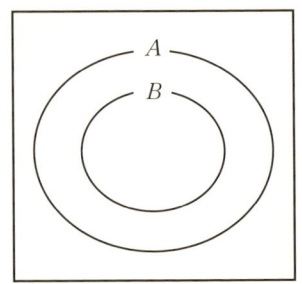

$A = \{1, 2, 3\}$, $B = \{1, 2\}$ とすると
$B \subset A$ となるね。

A と B と共通な要素の全体からなる集合を A, B の**共通部分**といい，$A \cap B$ で表すよ。

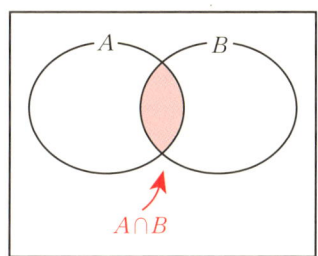

 $A = \{1, 2, 3, 4\}$, $B = \{2, 4, 6\}$
のとき $A \cap B = \{2, 4\}$ となるよ。

A, B の要素をすべて合せて得られる集合を A, B の**和集合**といい $A \cup B$ で表すよ。

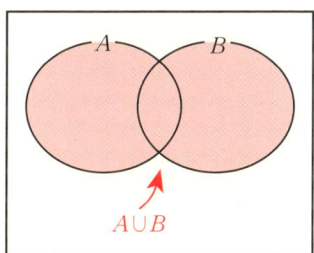

 $A = \{1, 2, 3, 4\}$, $B = \{2, 4, 6\}$
のとき $A \cup B = \{1, 2, 3, 4, 6\}$ となるよ。

U の部分集合 A に対して A に属さない U の要素全体の集合を A の**補集合**といい $\overline{A}$ で表すよ。

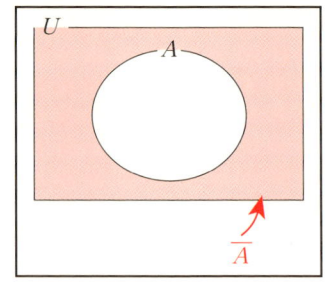

 $U = \{1, 2, 3, 4, 5, 6, 7\}$
$A = \{2, 5, 6\}$ のとき $\overline{A} = \{1, 3, 4, 7\}$ となるよ。

ド・モルガンの法則

2つの集合 A, B に対して，**ド・モルガンの法則**が成り立つよ。

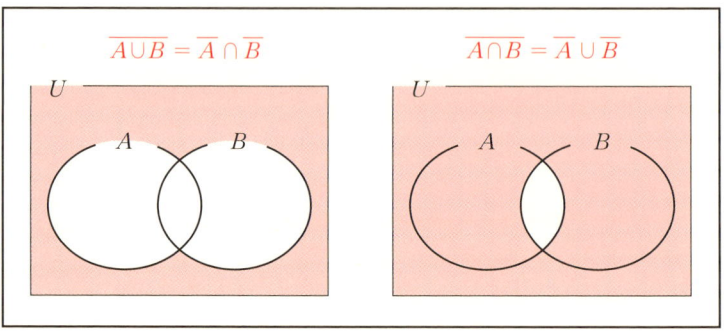

$\overline{A \cup B} = \overline{A} \cap \overline{B}$ について説明しよう。

まず，$A \cup B$ を図示すると

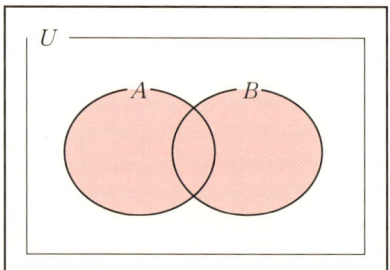

となるね。だから $\overline{A \cup B}$ は

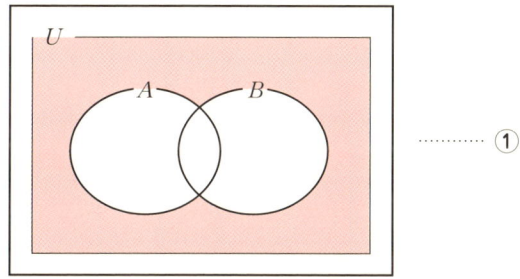 ……①

となるね。次に $\overline{A}$, $\overline{B}$ をそれぞれ図示すると

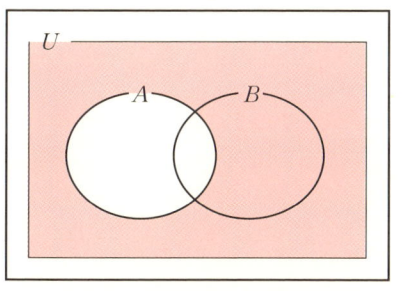 と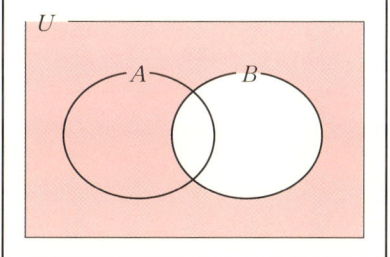

となるので，$\overline{A} \cap \overline{B}$ を図示すると

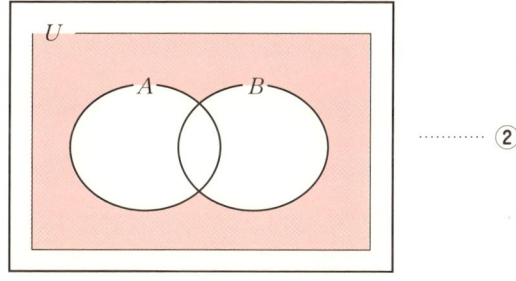 ……②

となるね。①と②が同じ図となるね。だから
$$\overline{A \cup B} = \overline{A} \cap \overline{B}$$
が成り立つ。$\overline{A \cap B} = \overline{A} \cup \overline{B}$ も同じようにできるよ。

集合の要素の個数

要素の個数が有限である集合について考えよう。
集合 A の要素の個数を $n(A)$ で表すよ。

 $A=\{2, 4, 6, 10\}$ のとき
$n(A)=4$ となるね。

和集合の要素の個数

次の公式が成り立つよ
$$n(A\cup B)=n(A)+n(B)-n(A\cap B)$$
これをベン図を使って説明しよう。

$n(A\cup B)$ は

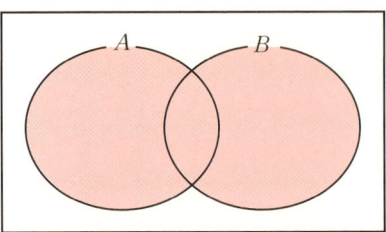

の要素の個数だよね。$n(A)+n(B)$ は

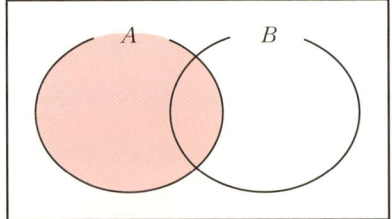 と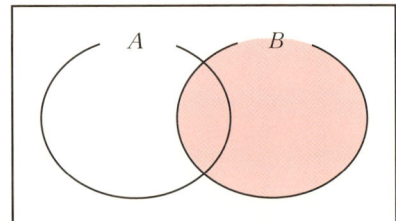

の要素の個数をたしたものだね。すると $A\cap B$ の部分

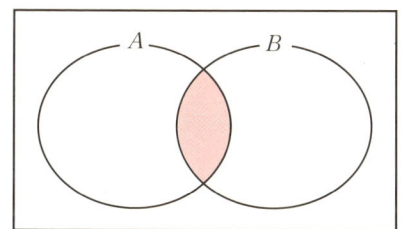

を二重にたしているので，$n(A\cap B)$ を1回引けば
$$n(A\cup B)=n(A)+n(B)-n(A\cap B)$$
が成り立つね。

 1から100までの整数のうち，2または3の倍数の個数を求めよう。

$100\div 2=50$ より2の倍数は50個
$100\div 3=33.3\cdots$ より3の倍数は33個
$100\div 6=16.6\cdots$ より6の倍数は16個

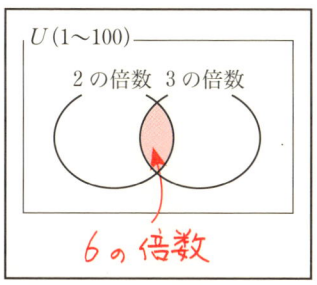

よって2または3の倍数は $50+33-16=67$ 個

ガイダンス 2 場合の数と順列，組合わせ

和の法則

2つのことがら A, B があって，これらは同時には起こり得ないとする。そして A の起こり方が a 通りあり，B の起こり方が b 通りあるとき，A または B が起こる場合の数は **$a+b$ 通り**となるよ。

大小2個のサイコロを投げるとき，目の和が3または4になる場合の数を求めよう。
目の和が3となるのは
　　　(大，小)＝(1, 2), (2, 1)
の2通り。目の和が4となるのは
　　　(大，小)＝(1, 3), (2, 2), (3, 1)
の3通りとなるね。よって3または4となるのは
　　　2＋3＝5通り

積の法則

2つのことがら A, B があって，これらの起こり方は互いに無関係であるとする。そして A の起こり方が a 通りあり，B の起こり方が b 通りあるとき，A, B がともに起こる場合の数は **$a \times b$ 通り**となるよ。

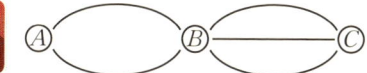

A 町から B 町への道が2通りあり，B 町から C 町までの道が3通りあるとき，A 町から B 町を通って C 町へ行く方法は

$2 \times 3 = 6$ 通り

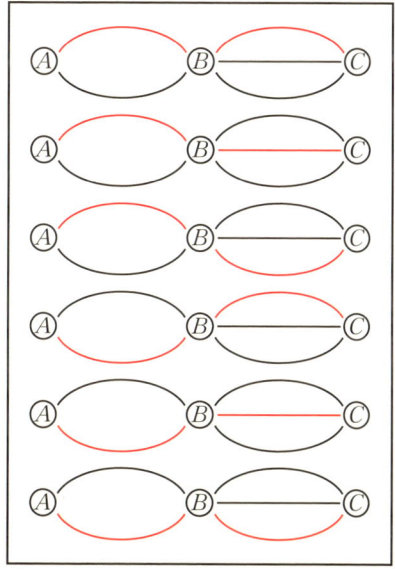

順列

n 個の異なるものの中から r 個取り出して，それを1列に並べるとき，その1つの並べ方を，n 個のものから r 個取る**順列**といい，その総数を $_n\mathrm{P}_r$ で表すよ。

5枚のカード[1][2][3][4][5]から2枚取り出して、左から順に並べる並べ方の総数を考えてみよう。

1枚目のカードは[1], [2], [3], [4], [5]のどれでも良いので5通り、2枚目のカードは1枚目に並べたカード以外の4通りとなるね。よって

$$5 \times 4 = 20 \text{通り}$$

つまり

$$_5P_2 = 5 \times 4 = 20$$

となるね。

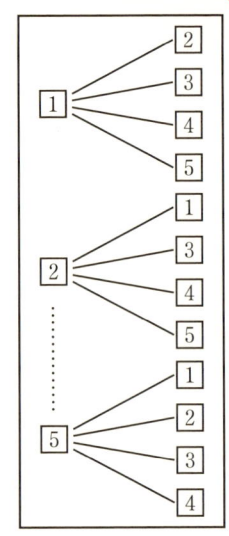

同じように $_nP_r$ を考えてみよう。

n 枚から r 枚選んで左から並べていくんだ

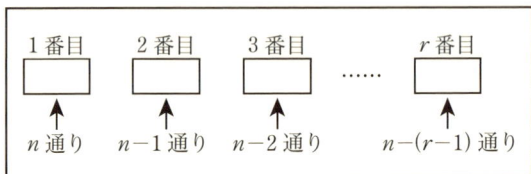

よって

$$_nP_r = n(n-1)(n-2)\cdots(n-(r-1))$$

が成り立つことが分かるね。

$_nP_r$ において、特に $r=n$ のときは

$$_nP_n = n(n-1)(n-2)\cdots 3\cdot 2\cdot 1$$

が成り立つね。これを n の階乗といい、$n!$ で表すよ。

$$n! = n(n-1)(n-2)\cdots 3\cdot 2\cdot 1$$

 $$5! = 5\cdot 4\cdot 3\cdot 2\cdot 1 = 120$$
となるよ。

組合せ

n 個の異なるものから r 個を取り出してつくった組合せを **n 個のものから r 個取った組合わせ**といい，その総数を $_nC_r$ で表すよ。

4枚のカード ①②③④ から 3 枚取り出したときの組合わせは
$\{①, ②, ③\} \{①, ②, ④\} \{①, ③, ④\} \{②, ③, ④\}$
の 4 組あるね。よって $_4C_3 = 4$ となるよ。

これを順列の $_4P_3$ を用いて求めてみよう。

たとえば 1 つの組合せ $\{①, ②, ③\}$ の順列を考えると

①②③, ①③②, ②①③, ②③①, ③①②, ③②①

の 6 通り考えられるね。他の組合せについても同じく $6 = 3!$ 通り考えられるから

$$\underbrace{_4C_3 \times 3!}_{\text{組合せの総数}} = \underbrace{_4P_3}_{\text{順列の総数}}$$

が成り立つね。この式から

$$_4C_3 = \frac{_4P_3}{3!} = \frac{4 \cdot 3 \cdot 2}{6} = 4$$

この例から分かる通り

$$_nC_r = \frac{_nP_r}{r!}$$

が成り立つよ。

$_5C_2 = \dfrac{_5P_2}{2!} = \dfrac{5 \cdot 4}{2 \cdot 1} = 10$ となるよ。

column クラスに同じ誕生日の人がいる確率

　A君のクラスは40人のクラスです。このとき同じ誕生日の人が少なくとも1組いる確率を考えてみよう。直感的にどの位だと思う？

　① 80%以上
　② 41%～79%
　③ 40%以下

①，②，③だったら，どれだと思う？

正解は①だよ。実際に計算してみよう。

40人だと人数が多いので，まずA君，B君，C君，D君の4人で考えてみよう。「4人のうち少なくとも1組同じ誕生日の人がいる」の余事象は「4人とも誕生日が異なる」だね。まず余事象の確率を求めるよ。すべての数は

　　$365 \times 365 \times 365 \times 365$ 通り

だね。

68ページにつづく

第1部 「場合の数」

第1講 場合の数の求め方

- **単元1** 隣り合う，隣り合わない
- **単元2** 円順列
- **単元3** 同じものを含む順列
- **単元4** 最短経路の問題
- **単元5** 組分けの問題
- **単元6** 順序が決まっている順列
- **単元7** 2の倍数，3の倍数の条件
- **単元8** 重複組合わせ
- **単元9** 二項定理

第1講のポイント

第1講「場合の数の求め方」では「隣り合う，隣り合わない」「円順列」「同じものを含む順列」などを扱います。
どれも入試でよく出てくるテーマなので，一つひとつ考え方を身につけていきましょう！

単元1 隣り合う，隣り合わない

　A，B，C，D，E，F，Gの7人の並べ方のうち，**A，B，C**の3人が**隣り合う場合**を考えてみよう。
　　G D **A B C** E F
　　　　　や
　　F G E **B A C** D
などの場合があるね。この場合は**ABCを1つの塊りとみる**とうまくいくよ。つまり
　　(ABC)，D，E，F，G
の並べ方を考えるんだ。つまり異なる5つのものの並べ方を考えて**5! 通り**となるね。ただし1つの塊りとみたABCについてはABCの順番だけでなく，BACやCABなども考えられるね。だからABCの並べ方3! を考えないといけないね。つまり**5!×3! 通り**となるね。
　次に，**A，B，Cのどの2人も隣り合わない場合**を考えよう。
　これには解法が2つあるよ。思いつくかな？
　1つは余事象を使う解法。ただ，これはやってほしくない解法なんだ。もう一つの解法と比べると計算量が多くなり，時間がかかるからね。
　受験は時間内に何点とれるかという勝負だから，さらにうまい解法があれば，それを身につけて，得点力をさらに身につけていくべきだよ！
　では，余事象を使わない解法を説明するね。
　A，B，Cのどの2人も隣り合わない場合は，まずA，B，C以外のD，E，F，Gの4人を並べるんだ。
　たとえば
　　＿ G ＿ E ＿ D ＿ F ＿

単元 ❶ 隣り合う，隣り合わない　023

という具合にね。次に D，E，F，G を並べたときに出来る 2 人の間と両端の 5 ヶ所に A，B，C を 1 人ずつ並べれば OK。

　　　C G A E ＿ D ＿ F B

　　　　　　や

　　　＿ G ＿ E C D B F A

という感じだね。こうすれば必ず A，B，C が隣り合うことはないよね！

それでは問題を解いてみよう！

例題

　　A，B，C，D，E，F，G の 7 人を横一列に並べる。
(1) A，B，C の 3 人が隣り合う並べ方は何通りあるか。
(2) A，B，C のどの 2 人も隣り合わない並べ方は何通りあるか。

荻島の解説

(1) A，B，C の 3 人が隣り合うのだから，これらを **1 つの塊り**とみるんだよ。

　　　(A，B，C) D，E，F，G

このとき忘れてはいけないのが，A，B，C の並べ方。
3! を忘れないでね！

　　　5! × 3! = 120 × 6 = **720 通り** ………………

(2) A，B，C のどの 2 人も隣り合わないのだから，まず，A，B，C 以外の D，E，F，G を並べよう。

たとえば

　　＿ E ＿ D ＿ F ＿ G ＿

という感じだね。このときの2人の間と両端の5ヶ所のうち，3ヶ所にA，B，Cを並べればOKだね。

たとえば

　　B E ＿ D A F ＿ G C

という感じだね。

Step 1　D，E，F，Gを並べる

　　　　… 4! = 24 通り

Step 2　A，B，Cを並べる

　　　　… 5×4×3 = 60 通り

以上より

　　24×60 = **1440 通り** ……… 答

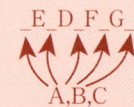

AはE_D_F_Gの隙間に入る
Aは5通り，Bは4通り，Cは3通りだね

それでは解答をみてみよう！

解答　A

(1)　A，B，Cを1人の塊りとみて

　　5!×3! = **720 通り** ……… 答

隣り合うものを1つの塊りとみる！

(2)　D，E，F，Gを並べて，その間と両端にA，B，Cを1人ずつ並べれば良いので

　　4!×(5×4×3) = 24×60 = **1440 通り** ……… 答

A，B，Cが隣り合うので，まず，D，E，F，Gを並べる！

隣り合う，隣り合わない問題　**まとめ**

- 特定のものが隣り合うとき
  $\implies$ 1つの塊りとみる。
- 特定のものが隣り合わないとき
  $\implies$ 特定のもの以外を並べて，その間または両端に特定のものを並べる。

● 自信のない人は読みとばしてね。

　ちなみに，余事象を使った解法もやっておくね。

　A，B，C，D，E，F，Gの並べ方は

$7! = 5040$ 通り

だよね。この中で，A，B，Cのどの2人も隣り合わないときの余事象はどうなるか分かるかな？「A，B，Cの3人が隣り合う」ではないよ。A，Bの2人が隣り合うときも余事象となるでしょう。

AとBが隣り合うとき ← A, B, C, D, E, F, G

$6! \times 2! = 720 \times 2 = 1440$ 通り

BとCが隣り合うとき ← B, C, A, D, E, F, G

$6! \times 2! = 720 \times 2 = 1440$ 通り

CとAが隣り合うとき ← C, A, B, D, E, F, G

$6! \times 2! = 720 \times 2 = 1440$ 通り

　ただし，ABC 3人が隣り合っているときは⒜BCとA⒝Cで2重に数えているので1回引かないとまずいよね。

AとBとCが隣り合うとき ← A, B, C, D, E, F, G

$5! \times 3! = 120 \times 6 = 720$ 通り

となるので，AとBまたはBとCまたはCとAが隣り合うのは

$1440 + 1440 + 1440 - 720 = 3600$ 通り

よってA，B，Cのどの2人も隣り合わない並べ方は

5040－3600＝**1440**通り

このように余事象を使うとメンドウな計算となるので，隣り合わない問題に対しては，**余事象を使わずにダイレクトに解いてね！**

単元 2 円順列

第1講 場合の数の求め方

　A，B，C，Dの4人が円卓のまわりに座る場合の数を考えてみよう。このときポイントになるのは，**回転して一致するものは区別しないこと**。

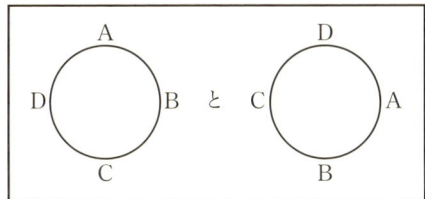

は区別してはいけないんだよ。つまり**同じもの**と考える。

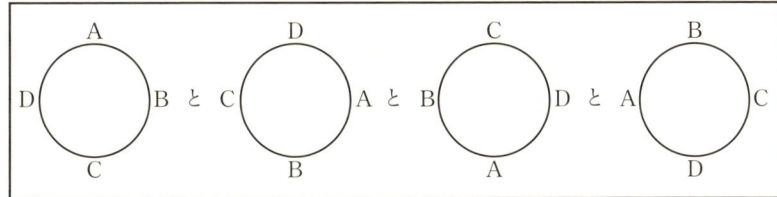

はすべて同じものだよ。ここで注目してほしいことは，**Aが動くから，同じものが出来る**んだよね。

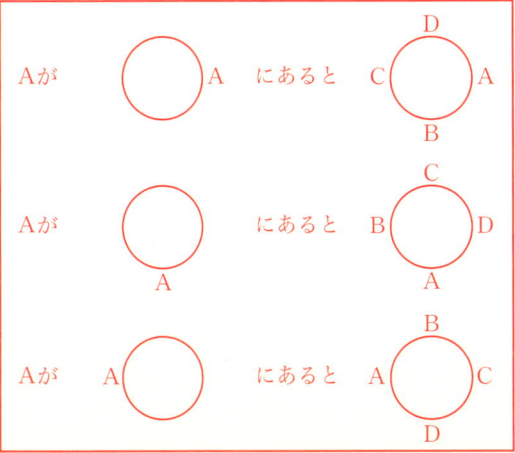

つまり A を動かさなければ同じものは出来ないよね。

まず A を 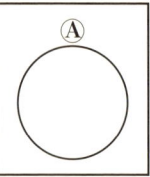 の位置に固定する。

残りの3ヶ所でB，C，Dの位置を決めればOKだよ。

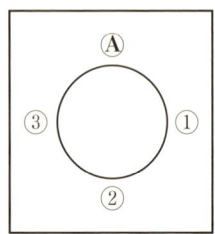

①の場所は，B，C，Dの3通り

②の場所は①の場所で決まった人以外の2通り

③の場所は①，②で決まった人以外の1通り

つまり

$3 \times 2 \times 1 = 6$ 通り

となるね。円順列では1つのものを**固定**して考えると非常にうまくいくんだ！

では，問題をやっていこう！

例題 Q

 両親と子供とで6人が円形のテーブルに座るとき，次の問いに答えよ。

(1) 座り方は何通りあるか。

(2) 両親が隣り合わせに座る場合は何通りあるか。

(3) 両親が向かい合って座る場合は何通りあるか。

説明のために両親を A, B, 子供を C, D, E, F としよう。

(1) 円順列の問題なので, まず **A を固定**しよう。

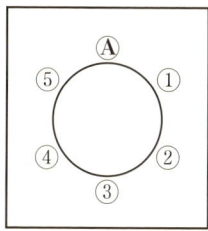

残りの場所を①, ②, ③, ④, ⑤と名前をつけて,

　①には B, C, D, E, F の 5 通り

　②には①に座った人以外の 4 通り

　③には①, ②に座った人以外の 3 通り

　④には①, ②, ③に座った人以外の 2 通り

　⑤には①, ②, ③, ④に座った人以外の 1 通り

となるので

　　5×4×3×2×1 ＝ **120 通り** ………………

(2) この問題もまず **A を固定**しよう。

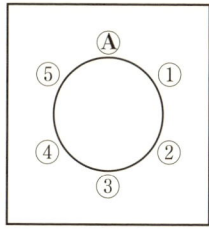

今回は両親が隣り合わせに座るのでBは①か⑤に座ることになるね。Bが①に座るときは

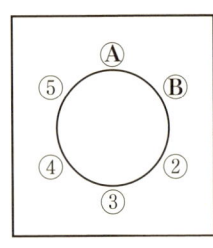

②にはC，D，E，Fの4通り
③には②に座った人以外の3通り
④には②，③に座った人以外の2通り
⑤には②，③，④に座った人以外の1通り

となるので

$$4 \times 3 \times 2 \times 1 = \textbf{24 通り} \cdots\cdots ①$$

Bが⑤に座るときは

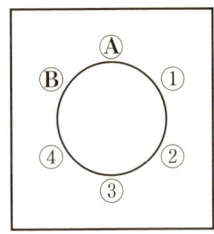

①にはC，D，E，Fの4通り
②には①に座った人以外の3通り
③には①，②に座った人以外の2通り
④には①，②，③に座った人以外の1通り

となるので

$$4 \times 3 \times 2 \times 1 = \textbf{24 通り} \cdots\cdots ②$$

よって①＋②より

$$24 + 24 = \textbf{48 通り} \cdots\cdots$$

(3) この問題もまずAを固定しよう。

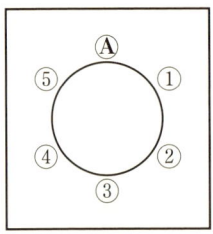

今回は両親が向かい合って座るので，Bは③に座ることになるね。

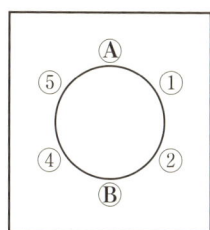

①には C, D, E, F の 4 通り
②には①に座った人以外の 3 通り
③には①, ②に座った人以外の 2 通り
④には①, ②, ③に座った人以外の 1 通り
となるので

$$4 \times 3 \times 2 \times 1 = 24 \text{ 通り}$$ ………

それでは解答をみてみよう！

解答

両親のうち，一方を固定して考える。

(1) 残りの 5 人の順列を考えて

$$5! = 120 \text{ 通り}$$ ………

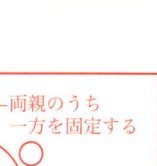
両親のうち一方を固定する

(2) 両親のうち，固定していない方の座り方が 2 通りある。それぞれに対して，子供の座り方は 4! 通りあるので

$$2 \times 4! = 48 \text{ 通り}$$ ………

(3) 両親のうち，固定していない方の座り方は 1 通り，子供の座り方は 4! 通りあるので

$$4! = 24 \text{ 通り}$$ ………

円順列　まとめ

円順列では回転して一致するものは同じものとみなす。同じものが出て来ないように 1 つのものを固定するとうまく解決するよ。

n 人の円順列では 1 人を固定して残りの $n-1$ 人の並べ方を考えるので $(n-1)!$ となるよ。

ただ，この公式だけ暗記しても，受験数学ではさまざまな条件がつき，複雑な条件になると収拾がつかなくなるんだ。

このときに威力を発揮するのが固定する考え方だよ。

固定すればいかなる状況でも対応できるよ！

単元 3 同じものを含む順列

第1講 場合の数の求め方

　a, a, a, b, c, d の並べ方を考えてみよう。6個のものの並べ方だからすべて区別があるときは $6!$ となるね。しかし今回は aaa の a 3つは**区別はしない**んだよ。つまり同じもの。だから $6!$ では多すぎるよね。もし a に区別があって a_1, a_2, a_3, b, c, d ならば $6!$ となるが今回は

　a_1, a_2, a_3, b, c, d　　実際は a, a, a, b, c, d

でも

　a_2, a_3, a_1, b, c, d　　実際は a, a, a, b, c, d

でも

　a_1, a_3, a_2, b, c, d　　実際は a, a, a, b, c, d

でもすべて同じ。つまり a_1, a_2, a_3 の並べ方の $3!$ 重複して数えているんだ。だから $6!$ を $3!$ で割って

$$\frac{6!}{3!} = \frac{6\cdot 5\cdot 4\cdot 3!}{3!} = 6\cdot 5\cdot 4 = 120 \text{ 通り}$$

となるよ。それでは問題をみてみよう。

例題　Q

 1, 1, 2, 2, 3 の5個の数字を用いて5桁の整数を作る。
(1) 偶数はいくつできるか？
(2) 奇数はいくつできるか？

荻島の解説

(1) 偶数となる為には**1の位が偶数**となればOKだね。

今回の問題では1の位が2となればいいよね。

たとえば

　　1　3　2　1　2

という感じだね。1の位が2と決まるので，それ以外の1，1，2，3の並べ方を考えて

$$\frac{4!}{2!} = 12 \text{個} \quad \text{……………} \quad \text{答}$$

□□□□2
1，1，2，3 を並べる
（1が2個あるよ）

(2) 奇数となる為には**1の位が奇数**となればOKだね。

今回の問題では1の位が1または3となればいいよね。

1の位が1のときと1の位が3のときとで場合分けが必要だよ。

1の位が1のとき

1の位が1と決まるので，それ以外の1，2，2，3の並べ方を考えて

$$\frac{4!}{2!} = 12 \text{個}$$

□□□□1
1，2，2，3 を並べる
（2が2個あるよ）

1の位が3のとき

1の位が3と決まるので，それ以外の1，1，2，2の並べ方を考えて

$$\frac{4!}{2! \times 2!} = 6 \text{個}$$

□□□□3
1，1，2，2 を並べる
（1が2個，2が2個あるよ）

以上より

　　12＋6 ＝ 18個 　……………　答

それでは解答をみてみよう！

解答 A

(1) 1の位が2となれば良いので1, 1, 2, 3の順列を考えて

$$\frac{4!}{2!} = 12 \text{ 個} \cdots\cdots 答$$

> 偶数となる条件は1の位が偶数

(2) 1の位が1のとき1, 2, 2, 3の順列を考えて

$$\frac{4!}{2!} = 12 \text{ 個}$$

> 奇数となる条件は1の位が奇数

1の位が3のとき1, 1, 2, 2の順列を考えて

$$\frac{4!}{2! \times 2!} = 6 \text{ 個}$$

> 奇数となる条件は1の位が奇数

以上より

$$12 + 6 = 18 \text{ 個} \cdots\cdots 答$$

同じものを含む順列 まとめ

n 個のものの中に p 個の同じもの，q 個の同じもの，…があるとき，これらの順列の総数は

$$\frac{n!}{p!q!\cdots} \text{ 通り} \qquad (p+q+\cdots = n)$$

となるよ。

単元 ❸ 同じものを含む順列　035

第1講　場合の数の求め方

単元 4 最短経路の問題

右のような図において，AからBへ行く最短経路を考えよう。最短経路とはAから出発して**最も短い距離**でBにたどり着く経路のことだよ。

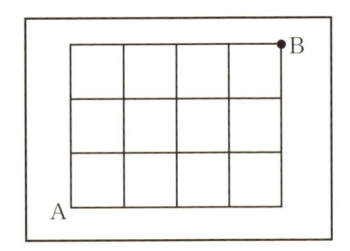

たとえば

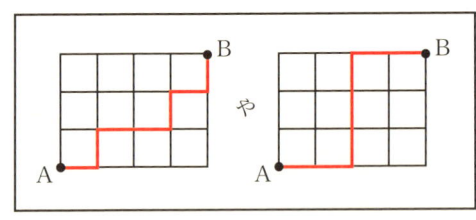

などがあるね。進む方向が右と上のみだね。まずいのは

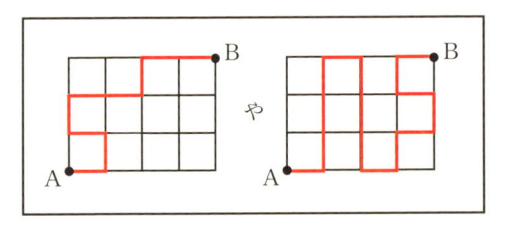

など，左や下に進んだりするものが含まれるときだよ。

さて，　　　について考えてみよう。

右（→）と上（↑）を書き並べてみると

→↑→→↑→↑

となるね。

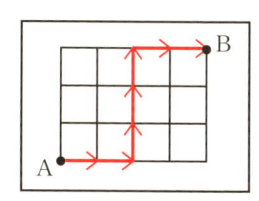

の場合は

$$\to \to \uparrow \uparrow \uparrow \to \to$$

となるね。

つまり→が4個, ↑が3個の並べ方の総数を求めればOKだね。→4つは同じもの（区別しない），↑3つは同じもの（区別しない）なので，**同じものを含む順列の公式**を使って求めるんだよ。

$$\frac{7!}{4!3!} = \frac{7\cdot 6\cdot 5\cdot 4!}{4!\cdot 3\cdot 2\cdot 1} = 35 \text{ 通り}$$

このように最短経路の問題では**同じものを含む順列の公式**を使ってうまく計算できるんだ。

では問題をやってみよう！

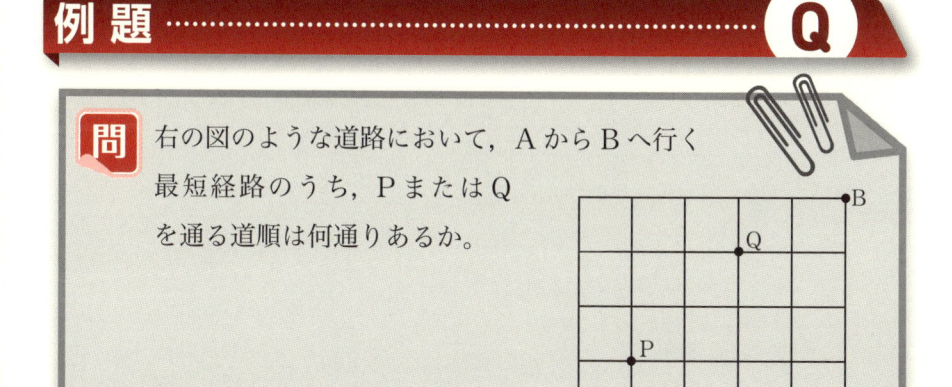

例題 Q

問 右の図のような道路において，AからBへ行く最短経路のうち，PまたはQを通る道順は何通りあるか。

荻島の解説

まず，次の公式を確認しておこう。

$$n(P \cup Q) = n(P) + n(Q) - n(P \cap Q)$$

Point

（図：PとQのベン図。重なり部分に「ここを2重に数えているので1回引く。」と注記）

PまたはQを通る経路の数を求めるので

（Pを通る経路の数）＋（Qを通る経路の数）
－（PとQの両方を通る経路の数）

を求めればOKだね。

まずはPを通る経路の数を求めよう。

AからPとPからBに分けて考えよう。

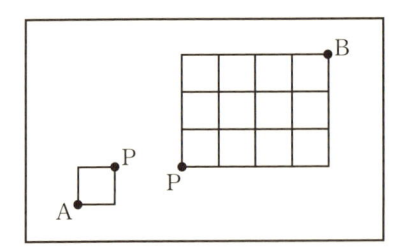

AからPは→1つ，↑1つの順列を考えて

$2! = 2$ 通り

PからBは→4つ，↑3つの順列を考えて

$\dfrac{7!}{4!3!} = 35$ 通り

よってAからPを通ってBへ行く経路の数は

$2 \times 35 = 70$ 通り

次はQを通る経路の数を求めよう。

AからQとQからBに分けて考えよう。

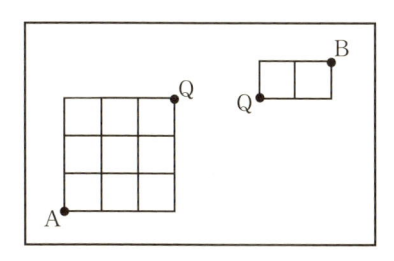

単元 ❹ 最短経路の問題　039

AからQは→3つ，↑3つの順列を考えて

$$\frac{6!}{3!3!} = 20 \text{ 通り}$$

QからBは→2つ，↑1つの順列を考えて

$$\frac{3!}{2!} = 3 \text{ 通り}$$

よってAからQを通ってBへ行く経路の数は

　　$20 \times 3 = 60$ 通り

最後にPとQの両方を通る経路の数を求めよう。

AからPとPからQとQからBに分けて考えよう。

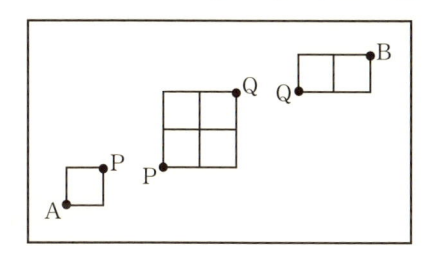

AからPは→1つ，↑1つの順列を考えて

　　$2! = 2$ 通り

PからQは→2つ，↑2つの順列を考えて

$$\frac{4!}{2!2!} = 6 \text{ 通り}$$

QからBは→2つ，↑1つの順列を考えて

$$\frac{3!}{2!} = 3 \text{ 通り}$$

第1講　場合の数の求め方

よってAからPとQの両方を通ってBへ行く経路の数は

$2 \times 6 \times 3 = 36$ 通り

以上より $70 + 60 - 36 =$ **94 通り** …………… 答

それでは解答を見てみよう！

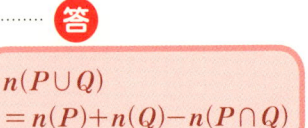

> $n(P \cup Q)$
> $= n(P) + n(Q) - n(P \cap Q)$

解答 A

AからPを通ってBへ行く経路の数は

$$2! \times \frac{7!}{4!3!} = 2 \times 35 = \mathbf{70 \text{ 通り}}$$

→ 1個,　　→ 4個,
↑ 1個の順列　↑ 3個の順列

AからQを通ってBへ行く経路の数は

$$\frac{6!}{3!3!} \times \frac{3!}{2!} = 20 \times 3 = \mathbf{60 \text{ 通り}}$$

→ 3個,　　→ 2個,
↑ 3個の順列　↑ 1個の順列

AからPとQの両方を通りBへ行く経路の数は

$$2! \times \frac{4!}{2!2!} \times \frac{3!}{2!} = 2 \times 6 \times 3 = \mathbf{36 \text{ 通り}}$$

→ 1個,　　→ 2個,　　→ 2個,
↑ 1個の順列　↑ 2個の順列　↑ 1個の順列

> $n(P \cup Q)$
> $= n(P) + n(Q) - n(P \cap Q)$
> の公式

以上より $70 + 60 - 36 =$ **94 通り**

最短経路の問題 　まとめ

　最短経路の問題では，右（→）と上（↑）の並べ方に注目する。右（→）が m 個，上（↑）が n 個のとき，並べ方の総数は

$$\frac{(m+n)!}{m!n!} \text{ 通り}$$

となるよ。

単元 5 組分けの問題

A，B，C，D，E，F の 6 人を組に分けることを考えてみよう。
まず **2 人ずつ 1 組，2 組，3 組に分ける**ことから始めよう。
たとえば

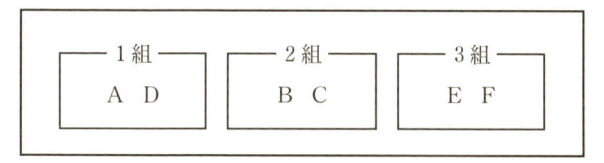

```
┌── 1組 ──┐ ┌── 2組 ──┐ ┌── 3組 ──┐
    A D        B C        E F
```

という感じだね。このとき注目してほしいことは「**組に区別があるか組に区別がないか**」ということ。組に**区別がある場合とない場合では結果が全く異なる**ので注意してね！

今回は 1 組，2 組，3 組と組に名前がついているので 3 つの組は**区別がある**ね。この場合の考え方は

- **Step 1** まず 6 人から 2 人選んで 1 組に入れる。
- **Step 2** 次に残りの 4 人から 2 人選んで 2 組に入れる。
- **Step 3** 最後に残りの 2 人から 2 人選んで 3 組に入れる。

6 人から 2 人選ぶとき，2 人の**順番は考えない**ので $_6C_2$ 通りとなるね。次に残りの 4 人から 2 人選ぶのは $_4C_2$ 通り，最後に 2 人から 2 人選ぶのは $_2C_2$ 通りだね。

よって

$$_6C_2 \times {}_4C_2 \times {}_2C_2 = 15 \times 6 \times 1 = \mathbf{90\ 通り}$$

となる。

次に**組に区別がない場合**を考えよう。

A，B，C，D，E，Fの6人を2人ずつ3組に分ける方法の総数を考え

組に名前がついていないので組は区別しない

てみよう。このときは**組に区別がないので，6人のうちどの2人が一緒の組となるか**を考えるんだ。

たとえば

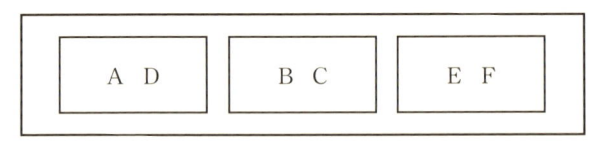

| A D | B C | E F |

という感じだね。最初にAとD，次にBとC，最後にEとFを選んだ場合と最初にBとC，次にAとD，最後にEとFを選んだ場合は同じ状況となるんだ。つまり**区別してはダメ！**

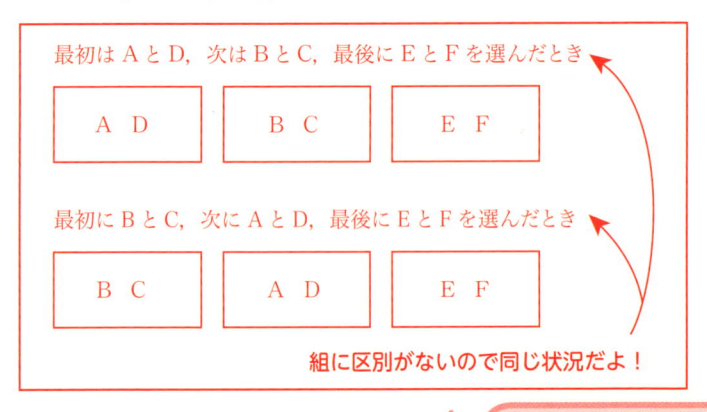

最初はAとD，次はBとC，最後にEとFを選んだとき

| A D | B C | E F |

最初にBとC，次にAとD，最後にEとFを選んだとき

| B C | A D | E F |

組に区別がないので同じ状況だよ！

このときの考え方はまず3つの組に区別があるとして計算して，それでは多すぎるので**3!** で割れば**OK**だよ。

> a, a, b, c の順列は
> $$\frac{4!}{2!}$$
> だったね。
> これと同じ考え方だよ！

Step 1 まず3組に区別があるとき

$${}_6C_2 \times {}_4C_2 \times {}_2C_2 = 15 \times 6 \times 1 = 90 \text{通り}$$

Step 2 実際には組に区別がないので

$$\frac{90}{3!} = \frac{90}{6} = 15 \text{ 通り}$$

では問題を解いていこう！

例題

問 A，B，C，D，E，F の6人を組に分ける。
(1) 2名と4名の2組に分ける方法は何通りあるか。
(2) 2名ずつの3つの組に分ける方法は何通りあるか。

荻島の解説

(1) 2名と4名の2組と書いてあるけど，この2組は区別する？それとも区別しない？

正解は「**区別する**」だよ。2つの組に名前がついていないので区別がなさそうだけど，2名の組と4名の組では人数がちがうでしょう。だから2組は区別するんだよ。もし，人数が同じで組に名前がついていなければそれらの組は区別しないよね。

まず，6名から2名選んで，次に残りの4名から4名選べばOKだね。

$$_6C_2 \times {}_4C_4 = 15 \times 1 = \text{\color{red}{15 通り}} \quad \text{答}$$

(2) 今度は2名ずつ3つの組に分けるので区別はしないよね。とりあえず3つの組に区別があるとして計算して，実際には区別がないので3!で割ればOKだね。

3つの組に区別があるときの計算
$$\frac{{}_6C_2 \times {}_4C_2 \times {}_2C_2}{3!} = \frac{15 \times 6 \times 1}{6} = 15 \text{ 通り} \quad \text{…… 答}$$

それでは解答をみてみよう！

解答 A

(1) ${}_6C_2 \times {}_4C_4 = 15 \times 1 = $ **15 通り** …… 答　　2組には区別がある

(2) $\dfrac{{}_6C_2 \times {}_4C_2 \times {}_2C_2}{3!} = $ **15 通り** …… 答　　3組には区別がない

組分けの問題　　まとめ

組み分けの問題では
- **Step 1** まず，すべての組に区別があるとして計算する。
- **Step 2** 実際には区別がないので (区別がない組の数)! で割る。

(区別がない組の数)ではなく
(区別がない組の数)!だよ。
階乗(!)を忘れないでね！

単元 6 順序が決まっている順列

第1講 場合の数の求め方

　a, b, c, d, e を1列に並べる並べ方のうち，**aがeより左側にある**並べ方を考えてみよう。
　たとえば，
　　　aebcd　や　cabed　や　adcbe
という感じだね。aとeは隣り合っていても，隣り合っていなくてもどちらでも良い。とにかく，aとeだけに注目して，aがeより左側にあればいいんだ。
　　　edabc　などはダメだよね。
　解法のポイントは**aとeを同じものとみる**ことだよ。
aとeを同じもの，たとえば□□としよう。
Step 1　□□bcdを並べる
Step 2　□□の場所に左からa, eを対応させる。
具体例で詳しく説明しよう。
まず□□bcdを1列に並べる。
　たとえば
　　　bc□d□
という感じだね。次に2つの□に左からa, eを対応させる。
　　　bcade
こうすると必ず問題文の条件「**aがeより左側にある**」を満たすでしょう。このようにaとeの順序が決まっているときは，これらを**同じものとして扱う**とうまく解決するよ。

　では，問題をみてみよう！

例題 Q

問 a, b, c, d, e を1列に並べる並べ方のうち，a が e より左側にある並べ方は何通りあるか。

荻島の解説

a と e の順序が決まっているので**a と e を同じもの**（たとえば□）とみて，2つの□に左から a, e を対応させれば OK だね。

□, □, b, c, d の並べ方は

$$\frac{5!}{2!} = 60 \text{ 通り}$$

よって a が e より左側にある並べ方も **60 通り** となるね。
それでは解答をみてみよう！

> d □ b □ c のときは d a b e c が対応するよ。

> 5個のうち2個が同じもの
> 同じものを含む順列の公式だよ。

解答 A

a と e の順序が決まっているので，これら2つを同じものとみて

$$\frac{5!}{2!} = 60 \text{ 通り}$$ … **答**

まとめ 順序が決まっている順列

a が e より左側にあるなど順序が決まっている場合はこれらを同じものとみるとうまく解決するよ。

単元 7 2の倍数，3の倍数の条件

第1講 場合の数の求め方

まず，3の倍数条件は知っているかな？

3の倍数の条件は，「**各位の和が3の倍数**」だよ。

たとえば3桁の数のとき「（百の位）＋（十の位）＋（一の位）が3の倍数」となればOK。

129や912や219は3の倍数となるよ。

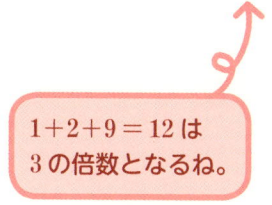

> 1＋2＋9＝12は3の倍数となるね。

```
   43      304     73
3)129    3)912   3)219
  12       9      21
   9      12       9
   9      12       9
   0       0       0
```

確かに129, 912, 219は3の倍数となるね。

この他，知らなくてはいけないのは，**2の倍数条件，4の倍数条件，5の倍数条件，9の倍数条件**だよ。

2の倍数となる条件は「**1の位が2の倍数**」だよ。

これは大丈夫だよね。次に4の倍数条件は「**下2桁が4の倍数または下2桁が00**」。たとえば312や428や400などは4の倍数となる。そして5の**倍数条件は「1の位が5または1の位が0」**。これも大丈夫でしょう。

そして9の倍数条件は「**各位の和が9の倍数**」。

これは3の倍数条件と同じ形式だね。たとえば648や126などは9の

6＋4＋8＝18は9の倍数　　1＋2＋6＝9は9の倍数

倍数となる。これらの倍数条件は非常に良く出てくるのでしっかり覚えてね！

これらの組合わせとして6の倍数条件はどうなるか分かるかな？
6 ＝ 2×3 を考えて

6 の倍数 ＝ 2 の倍数かつ 3 の倍数

を考えればいいんだよ。3 の倍数条件は各位の和が 3 の倍数であったから，この中で 1 の位が 2 の倍数となれば OK だね。たとえば 912 や 834 などは 6 の倍数となるよ。

それでは問題をみてみよう！

例題 Q

問 箱の中に 1，2，3 を書いたカードがそれぞれ 1 枚，2 枚，3 枚，計 6 枚入っている。この箱の中から 1 枚ずつ 4 枚のカードを取り出し，取り出した順に左から並べて 4 桁の整数を作る。ただし，取り出したカードは元に戻さない。
(1) 4 桁の整数は全部で何通りできるか。
(2) 4 桁の整数のうち，2 の倍数は何通りできるか。
(3) 4 桁の整数のうち，3 の倍数は何通りできるか。
(4) 4 桁の整数のうち，2 の倍数または 3 の倍数となるものは何通りあるか。

荻島の解説

(1) 6 枚すべてを取り出すのではないので，取り出した 4 枚のカードについて場合分けをしよう。③に注目して，③が 1 枚のとき，③が 2 枚のとき，③が 3 枚のときで場合分けをしていこう。

③が 1 枚のとき

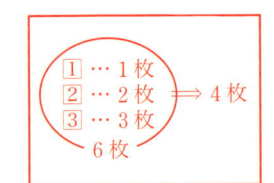

①…1 枚
②…2 枚 ⇒ 4 枚
③…3 枚
6 枚

単元 ❼ 2の倍数, 3の倍数の条件　049

取り出す4枚のカードは

　　　1 2 2 3

となるね。これらを並べてできる4桁の整数は

$$\frac{4!}{2!} = 12 \text{ 通り} \cdots\cdots ①$$

> 4枚のうち2が2枚あるよ。

3が2枚のとき

取り出す4枚のカードは

　　　1 2 3 3　または　2 2 3 3

となるね。1, 2, 3, 3のときは

$$\frac{4!}{2!} = 12 \text{ 通り}$$

> 4枚のうち3が2枚あるよ。

2 2 3 3のときは

$$\frac{4!}{2!2!} = 6 \text{ 通り}$$

> 4枚のうち2が2枚, 3が2枚あるよ。

よって

　　　$12 + 6 = 18$ **通り** $\cdots\cdots$ ②

3が3枚のとき

取り出す4枚のカードは

　　　1 3 3 3　または　2 3 3 3

となるね。1 3 3 3のときは

$$\frac{4!}{3!} = 4 \text{ 通り}$$

> 4枚のうち3が3枚あるよ。

2 3 3 3のときは

$$\frac{4!}{3!} = 4 \text{ 通り}$$

> 4枚のうち3が3枚あるよ。

よって

　　　$4 + 4 = 8$ **通り** $\cdots\cdots$ ③

①, ②, ③より

　　　$12 + 18 + 8 =$ **38 通り** $\cdots\cdots$ **答**

第1講 場合の数の求め方

(2) 2の倍数になるためには**1の位が偶数**となればいいよね。

(1)で場合分けした組合わせをもう一度整理してみよう。

　　　1 2 2 3　　3が1枚のとき

　　　1 2 3 3
　　　2 2 3 3　　3が2枚のとき

　　　1 3 3 3
　　　2 3 3 3　　3が3枚のとき

の5種類あったね。それぞれについて2の倍数が何通りあるか求めていこう。

1 2 2 3のとき

　1の位が2となるので1 2 3の並べ方を考えて

　　$3! = 6$ 通り

1 2 3 3のとき

　1の位が2となるので1 3 3の並べ方を考えて

　　$\dfrac{3!}{2!} = 3$ 通り

2 2 3 3のとき

　1の位が2となるので2 3 3の並べ方を考えて

　　$\dfrac{3!}{2!} = 3$ 通り

1 3 3 3のとき

　偶数のカードが含まれていないので，このときはなし。

2 3 3 3のとき

　1の位が2となるので3 3 3の並べ方を考えて

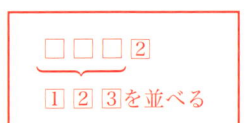

　　1通り

以上より

　　$6+3+3+1 = $ **13通り** … **答**

単元 ❼ 2の倍数，3の倍数の条件　051

(3) 3の倍数になるためには**各位の和が3の倍数**となればいいよね。

　　　　1 2 2 3　　　　$1+2+2+3=8$
　　　　1 2 3 3　　　　$1+2+3+3=⑨$
　　　　　　　　　　　　　　3の倍数となる
　　　　2 2 3 3　　　　$2+2+3+3=10$
　　　　1 3 3 3　　　　$1+3+3+3=10$
　　　　2 3 3 3　　　　$2+3+3+3=11$

のうち，和が3の倍数となるのは

　　　　1 2 3 3

だけだよ。これで4桁の整数を作れば良いので

$$\frac{4!}{2!}=12 通り \cdots\cdots$$ 答　　4枚のうち3が2枚あるよ。

(4) 2の倍数または3の倍数となる場合の数は

（2の倍数となる場合の数）＋（3の倍数となる場合の数）

－（6の倍数となる場合の数） $\cdots\cdots$ （＊）

「2の倍数 かつ 3の倍数」は6の倍数

によって求まるね。

　2の倍数となるのは(2)により**13通り**，3の倍数となるのは(3)より**12通り**，あと，6の倍数の場合の数を求めればOKだね。

　まず3の倍数となる条件を考えよう。これは

　　　　1 2 3 3

で4桁の整数を作ればよかったね。この中で2の倍数となるのは1の位が 2 となれば良いので，1 3 3 の並べ方を考えて

$$\frac{3!}{2!}=3 通り$$

□□□2
1 3 3を並べる

よって6の倍数となるのは**3通り**となるので，（＊）に代入して

　　　　$13+12-3=$ **22通り** $\cdots\cdots$ 答

それでは，解答をみてみよう！

解答　A

(1) ①②②③を取り出したとき

$$\frac{4!}{2!} = 12 通り$$

　　　　　　　　　　　③が1枚のとき

①②③③を取り出したとき

$$\frac{4!}{2!} = 12 通り$$

②②③③を取り出したとき

$$\frac{4!}{2!2!} = 6 通り$$

　　　　　　　　　　　③が2枚のとき

①③③③を取り出したとき

$$\frac{4!}{3!} = 4 通り$$

②③③③を取り出したとき

$$\frac{4!}{3!} = 4 通り$$

　　　　　　　　　　　③が3枚のとき

以上より

$$12+12+6+4+4 = \mathbf{38 通り} \quad \text{答}$$

(2) ①②②③を取り出したとき

$$3! = 6 通り$$

□□□②
①②③を並べる

①②③③を取り出したとき

$$\frac{3!}{2!} = 3 通り$$

□□□②
①③③を並べる

②②③③を取り出したとき

$$\frac{3!}{2!} = 3 通り$$

□□□②
②③③を並べる

単元 ❼ 2の倍数, 3の倍数の条件　053

②③③を取り出したとき

1通り

以上より

$6+3+3+1=13$ 通り　……… 答

□□□②
③③を並べる

(3) ①②③③の並べ方を考えて

$\dfrac{4!}{2!}=12$ 通り　……… 答

> $1+2+3+3=9$ は 3の倍数となる。

(4) 6の倍数となるのは①②③③を並べたとき1の位が②となるとき

2の倍数 かつ 3の倍数

で, ①③③の並べ方を考えて

$\dfrac{3!}{2!}=3$ 通り

よって

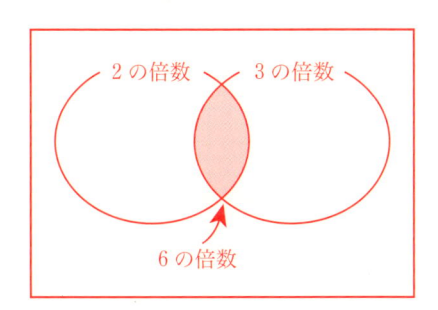

$13+12-3=22$ 通り

2の　3の　6の
倍数　倍数　倍数

□□□②
①③③を並べる

2の倍数　3の倍数

6の倍数

倍数の条件　まとめ

2の倍数…1の位が2の倍数

3の倍数…各位の和が3の倍数

4の倍数…下2桁が4の倍数　または　00

5の倍数…1の位が5　または　0

9の倍数…各位の和が9の倍数

単元 8 重複組合わせ

　$x+y+z=5$, $x\geqq 0$, $y\geqq 0$, $z\geqq 0$ を満たす整数の組 (x, y, z) の数を求めていこう。
　たとえば
　　$(x, y, z)=(1, 3, 1), (1, 4, 0)$
などがあるね。しらみ潰しにひとつひとつ数え上げることも可能だけれど，数が大きくなると大変だから，上手に求める解法をマスターしてね。
　まず○が5個あるとして，2つの│(仕切り)を入れて，3つの領域に分ける。それを左から x, y, z の個数に対応させるんだ。
　　○○│○│○○ ⟺ $(x, y, z)=(2, 1, 2)$
　　│○○│○○○ ⟺ $(x, y, z)=(0, 2, 3)$
　　○○○││○○ ⟺ $(x, y, z)=(3, 0, 2)$
という感じで，○5個と│2個の並べ方と，(x, y, z) がうまく対応するでしょう。だから○5個と│2個の並べ方を求めればいいんだよ。

$$\frac{7!}{5!2!}=21$$ 　←　同じものを含む順列の公式

より (x, y, z) の組の数も 21 組となるね。

　それでは問題をみてみよう！

単元 ❽ 重複組合わせ

例題 Q

問 次の問いに答えよ。
(1) $x+y+z=9$, $x\geq 0$, $y\geq 0$, $z\geq 0$ を満たす整数の組 (x, y, z) は何組あるか。
(2) $x+y+z=9$, $x\geq 1$, $y\geq 1$, $z\geq 1$ を満たす整数の組 (x, y, z) は何組あるか。

荻島の解説

(1) $x+y+z=9$, $x\geq 0$, $y\geq 0$, $z\geq 0$ という条件だから○が9個, |が2個を考えればOKだね。

$$○○|○○○○○|○○ \iff (x, y, z)=(2, 5, 2)$$
$$|○○○○○○|○○○ \iff (x, y, z)=(0, 6, 3)$$
$$○○○○||○○○○○ \iff (x, y, z)=(4, 0, 5)$$

という感じで, ○が9個, |が2個の並べ方が (x, y, z) の組とうまく対応しているね。だから○が9個, |が2個の並べ方の数と (x, y, z) の組の数は一致するので, 求める数は

$$\frac{11!}{9!2!} = 55 \text{ 組}$$ **答** 　同じものを含む順列の公式

(2) $x+y+z=9$, $x\geq 1$, $y\geq 1$, $z\geq 1$ という条件だから $(x, y, z)=(0, 6, 3)$ などはマズイよね。(1) とは違って x, y, z のいずれかが0となってはマズイんだ。

考え方は○が9個, |が2個の並べ方を考えるんだけど, この中で

$$|○○○○○○|○○○ \iff (x, y, z)=(0, 6, 3)$$
$$○○○○||○○○○○ \iff (x, y, z)=(4, 0, 5)$$

などはマズイよね。このような状況をなくす為には

○∧○∧○∧○∧○∧○∧○∧○∧○∧○

○と○の間の 8 ヶ所の∧から 2 ヶ所を選んで，そこに｜を 1 つずつ入れればいいんだよ．たとえば

○∧○⊛○∧○∧○∧○∧○⊛○∧○ ⟺ ○○｜○○○○○｜○○
⟺ $(x, y, z) = (2, 5, 2)$

という感じで，うまく対応するね．つまり 8 ヶ所の∧から 2 ヶ所を選ぶ場合の数を求めれば良いので

$_8C_2 = 28$ 組 ……… 答

> 2 ヶ所の順序は考えないので C で計算する．

それでは解答をみてみよう！

解答　A

(1) ○が 9 個，｜が 2 個の順列を考えて

$\dfrac{11!}{9!2!} = 55$ 組 ……… 答

(2) ○∧○∧○∧○∧○∧○∧○∧○∧○∧○

8 ヶ所の∧から 2 ヶ所を選んで｜を 1 つずつ入れれば良いので

$_8C_2 = 28$ 組 ……… 答

重複組合わせ　まとめ

- $x+y+z=n$, $x \geq 0$, $y \geq 0$, $z \geq 0$ を満たす整数の組 (x, y, z) の組の数は○が n 個，｜が 2 個の並べ方を考えて

$\dfrac{(n+2)!}{n!2!}$ 組　となるよ．

- $x+y+z=n$, $x \geq 1$, $y \geq 1$, $z \geq 1$ を満たす整数の組 (x, y, z) の組の数は $n-1$ ヶ所の∧から 2 ヶ所選んで｜を 1 つずつ入れれば良いので

$_{n-1}C_2$ 組　となるよ．

単元 9 二項定理

今回は $(a+b)^n$ の展開式（二項定理）をマスターしていこう。

まずは具体例から。$(a+b)^3$ の展開式を考えていこう。

$$(a+b)^3 = a^3 + 3a^2b + 3ab^2 + b^3$$

となったね。この式を

$$(a+b)^3 = {}_3C_0 a^3 + {}_3C_1 a^2 b + {}_3C_2 ab^2 + {}_3C_3 b^3$$

> ${}_3C_0 = {}_3C_3 = 1$ となるよ。

と式変形できるね。この形から $(a+b)^4$ の展開式がどうなるか予想できる？

$$(a+b)^4 = {}_4C_0 a^4 + {}_4C_1 a^3 b + {}_4C_2 a^2 b^2 + {}_4C_3 a b^3 + {}_4C_4 b^4$$

となるよ。a の指数は 4, 3, 2, 1, 0 と 1 つずつ減り，b の指数は 0, 1, 2, 3, 4 と 1 つずつ増えていく。そして係数は ${}_4C_0, {}_4C_1, {}_4C_2, {}_4C_3, {}_4C_4$ と右下の数が 1 つずつ増えているね。ここまでくれば $(a+b)^n$ も予想できるでしょう。

$$(a+b)^n = {}_nC_0 a^n + {}_nC_1 a^{n-1} b + {}_nC_2 a^{n-2} b^2 + \cdots + {}_nC_n b^n$$

となるよ。a の指数は $n, n-1, n-2, \cdots, 2, 1, 0$ と 1 つずつ減り，b の指数は $0, 1, 2, \cdots, n-1, n$ と 1 つずつ増えていく。そして係数は ${}_nC_0, {}_nC_1, {}_nC_2, \cdots, {}_nC_n$ と右下の数が 1 つずつ増えているね。さらに，${}_nC_r a^{n-r} b^r$ の r の値に $r = 0, 1, 2, \cdots, n$ を代入すると ${}_nC_0 a^n, {}_nC_1 a^{n-1} b, {}_nC_2 a^{n-2} b^2, \cdots, {}_nC_n b^n$ となるね。

> ${}_nC_r a^{n-r} b^r$ を一般項と呼ぶよ

それでは問題をみてみよう！

例題

問 次の問に答えよ。

(1) $(2x-3)^8$ の展開式において，x^6 の係数を求めよ。

(2) $\left(2x^2-\dfrac{1}{x}\right)^7$ の展開式において，x^5 の係数を求めよ。

荻島の解説

(1) まず一般項を求めていこう。

$(a+b)^n$ のときは ${}_n\mathrm{C}_r a^{n-r} b^r$ となるので，

$(2x-3)^8$ は n は 8 で，a に $2x$，b に -3 を代入した形になるので

$$_n\mathrm{C}_r a^{n-r} b^r = {}_8\mathrm{C}_r (2x)^{8-r} (-3)^r$$

となるね。さらに

$$_8\mathrm{C}_r (2x)^{8-r} (-3)^r = {}_8\mathrm{C}_r \times 2^{8-r} \times (-3)^r \times x^{8-r}$$

（$2^{8-r} \times x^{8-r}$ / ここが係数）

と式変形できるね。x^6 の係数を求めたいので

$8-r=6$

$r=2$

（${}_8\mathrm{C}_r \times 2^{8-r} \times (-3)^r \times x^{\boxed{8-r}}$ ← 6 になればOK）

となるので，x^6 の係数は

$${}_8\mathrm{C}_2 \times 2^6 \times (-3)^2 = 28 \times 64 \times 9 = \mathbf{16128}$$ ……**答**

(2) まず一般項を求めていこう。

$(a+b)^n$ のときは ${}_n\mathrm{C}_r a^{n-r} b^r$ となるので $\left(2x^2-\dfrac{1}{x}\right)^7$ は n は 7 で，a に $2x^2$，b に $-\dfrac{1}{x}$ を代入した形になるので

$$_nC_r a^{n-r} b^r = {}_7C_r (2x^2)^{7-r} \left(-\frac{1}{x}\right)^r$$

となるね。さらに

$$_7C_r (2x^2)^{7-r} \left(-\frac{1}{x}\right)^r = {}_7C_r \times 2^{7-r} \times (-1)^r \times x^{14-2r} \times \frac{1}{x^r}$$
$$= {}_7C_r \times 2^{7-r} \times (-1)^r \times x^{14-3r}$$

$2^{7-r} \times (x^2)^{7-r}$
$= 2^{7-r} \times x^{14-2r}$ $(-1)^r \left(\frac{1}{x}\right)^r$
$=(-1)^r \times \frac{1}{x^r}$ ここが係数

と式変形できるね。x^5 の係数を求めたいので

$$14 - 3r = 5$$
$$-3r = -9$$
$$r = 3$$

$${}_7C_r \times 2^{7-r} \times (-1)^r \times x^{\boxed{14-3r}}$$
5になればOK

となるので，x^5 の係数は

$$_7C_3 \times 2^4 \times (-1)^3 = 35 \times 16 \times (-1) = -560 \quad \cdots\cdots 答$$

それでは，解答をみてみよう！

解答 A

(1) 一般項は
$$_8C_r(2x)^{8-r}(-3)^r = {}_8C_r \times 2^{8-r} \times (-3)^r \times x^{8-r}$$
となる。$8-r=6$ のとき $r=2$ となるので
$$_8C_2 \times 2^6 \times (-3)^2 = \mathbf{\color{red}{16128}} \quad \text{…… 答}$$

> 一般項は $_nC_r a^{n-r} b^r$

(2) 一般項は
$$_7C_r(2x^2)^{7-r}\left(-\frac{1}{x}\right)^r = {}_7C_r \times 2^{7-r} \times (-1)^r \times x^{14-3r}$$
となる。$14-3r=5$ のとき $r=3$ となるので
$$_7C_3 \times 2^4 \times (-1)^3 = \mathbf{\color{red}{-560}} \quad \text{…… 答}$$

> 一般項は $_nC_r a^{n-r} b^r$

二項定理 まとめ

$$(a+b)^n = {}_nC_0 a^n + {}_nC_1 a^{n-1}b + {}_nC_2 a^{n-2}b^2 + \cdots + {}_nC_n b^n$$
$$= \sum_{r=0}^{n} \underbrace{{}_nC_r a^{n-r} b^r}_{\text{一般項と呼ぶ}}$$

第2部 「確率」

第2部「確率」では「事象と確率」「独立な試行の確率」を学習し，最終講でセンター試験の過去問に挑戦していきます。各分野とも非常に重要な分野なので，しっかり理解していきましょう。

ガイダンス

1 事象と確率

2 独立な試行の確率

ガイダンス 1 事象と確率

試行と事象

「さいころを投げる」などのように何回もくり返すことができ，その結果が偶然に支配されるような実験や観察を**試行**というんだ。その結果起こる事柄を**事象**というよ。事象は A，B の文字などで表すことが多いよ。

> **例** 1個のさいころを投げることは試行であり，偶数の目が出る事象を A，3の目が出る事象を B，全事象を U とすると
> $$A = \{2, 4, 6\},\ B = \{3\},\ U = \{1, 2, 3, 4, 5, 6\}$$
> となるよ。

また，全体集合 U で表される事象を**全事象**，空集合 ϕ で表される事象を**空事象**，U の1個の要素からなる集合で表される事象を**根元事象**というよ。さいころの目の場合は，

　根元事象は
　　$\{1\}, \{2\}, \{3\}, \{4\}, \{5\}, \{6\}$
の6個あるよ。

事象と確率

ある試行において，起こり得るすべての結果が同じ程度に起こると期待できるとき，これらの起こり得るすべての結果は**同様に確からしい**というよ。このような試行で，全事象を U，ある事象を A とするとき $\dfrac{n(A)}{n(U)}$ を事象 A の確率といい，$P(A)$ で表すよ。

$$P(A) = \frac{n(A)}{n(U)}$$

例 1個のサイコロを投げるとき，偶数の目が出る確率を求めよう。

全事象を U，偶数の目が出るという事象を A とすると
$$U = \{1, 2, 3, 4, 5, 6\}, A = \{2, 4, 6\}$$
となるので
$$P(A) = \frac{n(A)}{n(U)} = \frac{3}{6} = \frac{1}{2}$$
となるね。

和事象, 積事象, 排反事象

A または B の少なくとも一方が起こるという事象を A と B の**和事象**といい，$A \cup B$ で表すよ。また A と B がともに起こるという事象を，A と B の**積事象**といい，$A \cap B$ で表すよ。

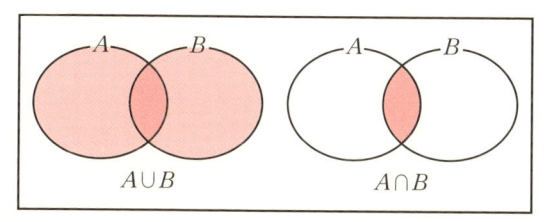

例 1つのサイコロを振るとき，偶数の目が出る事象を $A = \{2, 4, 6\}$，3以上の目が出る事象を $B = \{3, 4, 5, 6\}$ とすると
$$A \cup B = \{2, 3, 4, 5, 6\}$$
$$A \cap B = \{4, 6\}$$
となるね。

また，次の式が成り立つよ。

$$P(A \cup B) = P(A) + P(B) - P(A \cap B) \quad \cdots\cdots ①$$

> **例** 1つのサイコロを振るとき，偶数の目が出る事象を $A = \{2, 4, 6\}$，3以上の目が出る事象を $B = \{3, 4, 5, 6\}$ とすると，
>
> $$P(A) = \frac{3}{6} = \frac{1}{2}$$
>
> $$P(B) = \frac{4}{6} = \frac{2}{3}$$
>
> $$P(A \cap B) = \frac{2}{6} = \frac{1}{3}$$
>
> となるので
>
> $$P(A \cup B) = P(A) + P(B) - P(A \cap B)$$
> $$= \frac{1}{2} + \frac{2}{3} - \frac{1}{3} = \frac{5}{6}$$
>
> となるね。

また A, B が同時には起こり得ないとき，A と B はたがいに**排反**である，または**排反事象**であるというよ。このとき $P(A \cap B) = 0$ となるので①式は

$$P(A \cup B) = P(A) + P(B)$$

となるよ。

余事象の確率

全事象を U とする。事象 A に対して，A が起こらないという事象を A の**余事象**といい $\overline{A}$ で表すよ。余事象 $\overline{A}$ の確率について，次の公式が成り立つよ。

$$P(\overline{A}) = 1 - P(A)$$

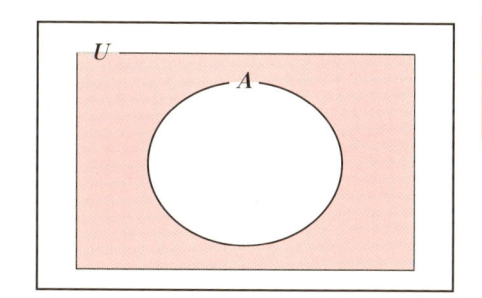

例 1つのサイコロを振るとき，3以上の目が出る事象を $A = \{3, 4, 5, 6\}$ とすると

$$P(\overline{A}) = 1 - P(A)$$
$$= 1 - \frac{4}{6}$$
$$= 1 - \frac{2}{3}$$
$$= \frac{1}{3}$$

となるよ。

ガイダンス 2 独立な試行の確率

独立な試行

2つの試行 T_1, T_2 について，それぞれの試行の結果が，他方の試行の結果と無関係であるとき，T_1 と T_2 は**独立**であるというよ。

> **例** 大きいサイコロを投げる試行，小さいサイコロを投げる試行において，大小のサイコロの目の出方は無関係となるので，大きいサイコロを投げる試行と，小さいサイコロを投げる試行は独立な試行となるよ。

独立な試行と確率

独立な試行 T_1, T_2 を行ったとき，T_1 では事象 A が起こりかつ T_2 では事象 B が起こるという事象を C とすると

$$P(C) = P(A) \times P(B)$$

が成り立つよ。

> **例** 大小2個のサイコロを振るとき，大きいサイコロの目が1で，小さいサイコロの目が偶数となる確率は
> $$\frac{1}{6} \times \frac{1}{2} = \frac{1}{12}$$
> となるよ。

反復試行の確率

1回の試行で事象 A が起こる確率を p とする。この試行を n 回繰り返し行うとき，事象 A が r 回起こる確率は

$$_n\mathrm{C}_r\, p^r(1-p)^{n-r}$$

となるよ。

> **例** 1個のサイコロを3回投げるとき，3の倍数の目がちょうど2回出る確率を求めてみよう。
>
> まずサイコロを1回投げるとき，3の倍数の目が出る確率は $\dfrac{2}{6} = \dfrac{1}{3}$ となるので
>
> $$_3\mathrm{C}_2\left(\dfrac{1}{3}\right)^2\left(1-\dfrac{1}{3}\right)^{3-2} = \dfrac{2}{9}$$
>
> となるよ。

column クラスに同じ誕生日の人がいる確率

20 ページのつづき

A君の誕生日は365日のいずれかだから365通り。

B君の誕生日はA君の誕生日以外の365−1＝364通り。

C君の誕生日は，A君，B君の誕生日以外の365−2＝363通り。

D君の誕生日は，A君，B君，C君以外の365−3＝362通り。

よって余事象の確率は

$$\frac{\cancel{365} \times 364 \times 363 \times 362}{\cancel{365} \times 365 \times 365 \times 365}$$

となるので，「4人のうち少なくとも1組同じ誕生日の人がいる確率」は

$$1 - \frac{364}{365} \times \frac{363}{365} \times \frac{362}{365}$$

← 1 −（余事象の確率）

となるね。

同じように考えると「40人のうち少なくとも1組同じ誕生日の人がいる確率」は

$$1 - \frac{364}{365} \times \frac{363}{365} \times \cdots \times \frac{326}{365} = 0.89\cdots \fallingdotseq 90\%$$

となるよ。君のまわりにも，かなり高い確率で同じ誕生日の人たちがいるんだね。

第2部 「確率」

第2講
事象と確率

- **単元1** サイコロの目と確率
- **単元2** 袋の中から玉を取り出す確率

第2講のポイント

第2講「事象と確率」では「サイコロの目と確率」「袋の中から玉を取り出す確率」を扱います。サイコロを扱った問題は非常に良く入試で出題されます。確実に得意分野になるようにしていきましょう。

単元1 サイコロの目と確率

　予備校で授業していると毎年必ず生徒がしてくる質問があります。それは「先生，2個のサイコロを同時に振るとき，この2個のサイコロは区別するのですか？」というもの。君はこの質問に答えられるかな？　答えは**「サイコロは必ず区別して考える」**だよ。では，質問に来た生徒が「先生，何でサイコロは区別するんですか？　2個のサイコロは見た目は同じだから，区別すると言われても何か納得がいかないんですけれど。」と言ってきたらどう答える？

　実は，私が高校生のとき，私が通っていた高校の数学の先生に同じ質問をしたことがあります。その先生の答えは「昔から，サイコロは区別すると決まっているんだ」というものでした。確かにサイコロを区別して，その後様々な問題を解いてみると，確かに答が一致してうまくいくので「サイコロは区別して計算すればいいんだ」と思った記憶があります。しかし，「昔から，サイコロは区別すると決まっているんだ」では，ちょっとひどいよね……。

　当時の高校の先生に代わって，私がちゃんと説明するね。まず1個のサイコロの目は 1, 2, 3, 4, 5, 6 の6通りだよね。A，B 2つの異なるサイコロがあったとき，目の出方は全部で36通りとなるね。

　これを表で表すと

Aが6通りかつBが6通りだから 6×6=36通り

B\A	1	2	3	4	5	6
1	(1, 1)	(1, 2)	(1, 3)	(1, 4)	(1, 5)	(1, 6)
2	(2, 1)	(2, 2)	(2, 3)	(2, 4)	(2, 5)	(2, 6)
3	(3, 1)	(3, 2)	(3, 3)	(3, 4)	(3, 5)	(3, 6)
4	(4, 1)	(4, 2)	(4, 3)	(4, 4)	(4, 5)	(4, 6)
5	(5, 1)	(5, 2)	(5, 3)	(5, 4)	(5, 5)	(5, 6)
6	(6, 1)	(6, 2)	(6, 3)	(6, 4)	(6, 5)	(6, 6)

となり全部で36通りの目の出方があるよね。この表から（2, 2）が出る確率は $\frac{1}{36}$，（3, 1）が出る確率は $\frac{1}{36}$，…と36通りの目の出方それぞれの出る確率は $\frac{1}{36}$ となるね。

たとえば「2個のサイコロを同時に振るとき，目の和が4となる確率を求めよ」という問題があったとき，和が4となるのは（1, 3）と（2, 2）と（3, 1）の3通りあるので

$$\frac{3}{36} = \frac{1}{12}$$

となるね。**同様に確からしい条件をクリアするためにサイコロは区別する**んだよ。

宝くじでは当たるかはずれるか2通りだからといって，当たる確率は $\frac{1}{2}$ なんていえないよね。これは当たりが出るのとはずれが出るのが同様に確からしくはないからだよ。

それでは，問題をみてみよう！

例題

問 3個のサイコロを同時に振るとき、次の問いに答えよ。
(1) 3個とも異なる数の目が出る確率を求めよ。
(2) 出る目の数の積が偶数となる確率を求めよ。
(3) 出る目の数の和が8となる確率を求めよ。

荻島の解説

(1) まず，同様に確からしい条件をクリアするためにサイコロをA，B，Cと区別しよう。A，B，Cそれぞれの目の出方は6通りなので、すべての目の出方は

$6 \times 6 \times 6 = 216$ 通り

<u>Aが6通り かつ Bが6通り かつ Cが6通り</u>

この中でA，B，Cの目が異なるものを求めよう。
たとえば

$(A, B, C) = (1, 5, 3), (6, 2, 3) \cdots$

などがあるね。まずAは1〜6の6通り。BはAが出た目はマズイから5通り。Cは、A，Bが出た目はマズイから4通り。よって

$6 \times 5 \times 4 = 120$ 通り

<u>Aが6通り かつ Bが5通り かつ Cが4通り</u>

以上より

$$\frac{6 \times 5 \times 4}{6 \times 6 \times 6} = \frac{5}{9} \quad \text{答}$$

単元 ❶ サイコロの目と確率 073

(2) 積が偶数となる確率を求めよう。

たとえば

(A, B, C) = (2, 4, 4), (1, 2, 6), (3, 3, 4), …

偶数が3コ　偶数が2コ　偶数が1コ

などがあるね。積が偶数となるためには 3 つのうち少なくとも 1 つ偶数

「少なくとも」をみたら余事象を考えよう！

があればいいよね。余事象は全て奇数。この確率を求めて全体確率 1 から引けば OK だよ。サイコロの目で奇数は 1，3，5 の 3 通り

よって

$$1 - \frac{3 \times 3 \times 3}{6 \times 6 \times 6} = 1 - \frac{1}{8} = \frac{7}{8} \quad \cdots\cdots\text{答}$$

(3) 和が 8 となる確率を求めよう。

たとえば

(A, B, C) = (1, 2, 5), (1, 3, 4), (4, 3, 1), …

などがあるね。この種の問題で注意が必要なのは「**数えもれ**」と「**ダブルカウント**」。1 つ数えもれしてしまったり，2 重に数えてしまったりするミスが非常に多いよ。これらを防ぐために工夫して数えていこう。やみくもに数えるのは危険だよ……。

まず，**A ≦ B ≦ C** と A, B, C に関して**大小関係**を入れて数えよう。(A, B, C) = (1, 3, 4) は OK だけど (A, B, C) = (3, 1, 4) はとりあえず無視してね。

A = 1 のとき

B + C = 7 となれば良いので
(B, C) = (1, 6), (2, 5), (3, 4)

> (B, C) = (4, 3), (5, 2), (6, 1) は B > C よりダメ

A = 2 のとき

B + C = 6 となれば良いので
(B, C) = (2, 4), (3, 3)

> (B, C) = (1, 5), (4, 2), (1, 5) はダメ

A＝3のとき

B＋C＝5となれば良いが，このとき(B, C)は存在しないよね。

> (B, C) ＝ (1, 4), (2, 3), (3, 2), (4, 1)はダメ

よってA≦B≦Cとしたとき

(A, B, C)＝(1, 1, 6), (1, 2, 5), (1, 3, 4), (2, 2, 4), (2, 3, 3)

の5組あるね。でも実際にはA≦B≦Cなんて条件はないのだからこの5組だけではないよ。

(A, B, C)＝(1, 1, 6)のとき

(A, B, C)＝(1, 1, 6), (1, 6, 1), (6, 1, 6)

の3組あるね。これは1, 1, 6の並べ方を考えて

$$\frac{3!}{2!} = 3 \text{組}$$

> 同じものを含む順列の公式

と計算で求まるね。

(A, B, C)＝(1, 2, 5)のとき

(A, B, C)＝(1, 2, 5), (1, 5, 2), (2, 1, 5), (2, 5, 1), (5, 1, 2), (5, 2, 1)

の6組あるね。これは1, 2, 5の並べ方を考えて

$$3! = 3 \cdot 2 \cdot 1 = 6 \text{組}$$

と計算で求まるね。

(A, B, C)＝(1, 3, 4)のとき

(A, B, C)＝(1, 3, 4), (1, 4, 3), (3, 1, 4), (3, 4, 1), (4, 1, 3), (4, 3, 1)

の6組あるね。これは1, 3, 4の並べ方を考えて

$$3! = 3 \cdot 2 \cdot 1 = 6 \text{組}$$

と計算で求まるね。

(A, B, C)＝(2, 2, 4)のとき

(A, B, C)＝(2, 2, 4), (2, 4, 2), (4, 2, 2)

の3組あるね。これは2, 2, 4の並べ方を考えて

$$\frac{3!}{2!} = 3 \text{ 組}$$

と計算で求まるね。

(A, B, C) = (2, 3, 3) のとき

(A, B, C) = (2, 3, 3), (3, 2, 3), (3, 3, 2)

の3組あるね。これは2, 3, 3の並べ方を考えて

$$\frac{3!}{2!} = 3 \text{ 組}$$

← 同じものを含む順列の公式

と計算で求まるね。

よって求める確率は

$$\frac{3+6+6+3+3}{6 \cdot 6 \cdot 6} = \frac{21}{6 \cdot 6 \cdot 6} = \frac{7}{72} \quad \text{答}$$

それでは解答をみてみよう！

解答　A

(1) $\dfrac{6 \times 5 \times 4}{6 \times 6 \times 6} = \dfrac{5}{9}$ 　答

3つのサイコロは区別するので、すべての数 $6 \times 6 \times 6 = 216$ 通り

(2) すべて奇数となる確率は

$$\left(\frac{3}{6}\right)^3 = \left(\frac{1}{2}\right)^3 = \frac{1}{8}$$

3つの目のうち、少なくとも1つが偶数となれば良いので、余事象はすべて奇数となる。

となるので

$$1 - \frac{1}{8} = \frac{7}{8} \quad \text{答}$$

(3) 和が8となる組合せは

{1, 1, 6}, {1, 2, 5}, {1, 3, 4}, {2, 2, 4}, {2, 3, 3}

の5組あり、それぞれの順列を考えて

$$\dfrac{3!}{2!}\times 3+3!\times 2=9+12=21 \text{ 組}$$

{1, 1, 6}, {2, 2, 4}, {2, 3, 3} は同じものが 2 つあるので $\dfrac{3!}{2!}=3$ 組

{1, 2, 5}, {1, 3, 4} はすべて異なるので $3!=6$ 組

以上より

$$\dfrac{21}{6^3}=\dfrac{7}{72}\quad\text{答}$$

サイコロの目と確率 　まとめ

- 同様に確からしい条件をクリアするためにサイコロはすべて区別して考えるよ。
- 和が 8 などの条件を考えるときは，まず $A\leqq B\leqq C$ など大小関係を入れて組合わせを考える。その後，それぞれの順列を考えるよ。

単元2 袋の中から玉を取り出す確率

袋の中に赤，黄，青，黒，白の5種類の玉が3個ずつ入っている。この中から2個玉を取り出すとき，赤玉1個，黄玉1個を取り出す確率を求めてみよう。

まず，すべての数がどうなるか分かるかな？　取り出す2個の順番は考えないのでC（組み合わせ）で計算するんだよ。2個取り出してから並べるという問題のときはP（順列）で計算しなくてはいけないよ。今回は並べないのでCで計算するよ。

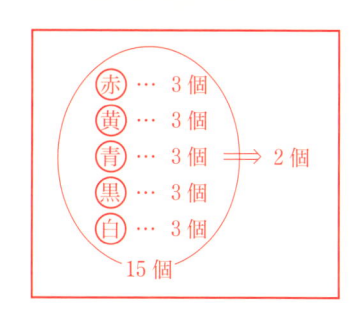

15個から2個取り出すので，すべての数は

$${}_{15}C_2 = 105 \text{ 通り}$$

ここで意識してほしいことは，この15個の玉は区別する？　それとも区別しない？

赤玉が3個あるとき，赤玉どうしは区別がないよね。つまり同じもの。でも ${}_{15}C_2$ という計算は「**異なる**15個のものから**異なる**2個を選ぶときの場合の数」だよ。つまり同じものがあるときはCでの計算はできないんだよ。だから，この問題では**玉にすべて区別があるとして計算**するんだよ。

赤玉は3個あるので，赤玉を1個取り出すのは

$${}_3C_1 = 3 \text{ 通り}$$

黄玉も3個あるので，黄玉を取り出すのは

$${}_3C_1 = 3 \text{ 通り}$$

よって求める確率は

赤玉を1個取り出す　黄玉を1個取り出す
$$\frac{{}_3C_1 \times {}_3C_1}{{}_{15}C_2} = \frac{3 \times 3}{105} = \frac{3}{35}$$

それでは，問題をみてみよう！

例題 Q

問 袋の中に赤，黄，青，黒，白の5種類の玉が3個ずつ入っている。このとき次の確率を求めよ。

(1) 袋の中から2個取り出すとき，その2個が同じ色である確率

(2) 袋の中から3個取り出すとき，そのうち2個だけが同じ色である確率

(3) 袋の中から3個取り出すとき，3個とも互いに色が異なる確率

荻島の解説

(1) **すべての玉に区別がある**として計算するよ。

すべての数は15個の玉から2個の玉を取り出すので

$${}_{15}C_2 = 105 \text{ 通り}$$

次に，2個の玉が同じ色となる場合の数を求めよう。

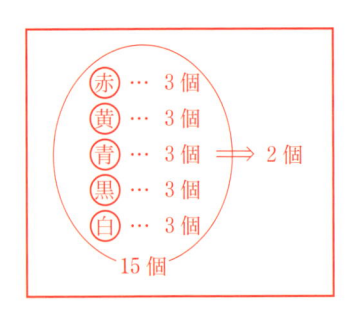

たとえば2個とも赤のときは，3個の赤から2個を取り出せば良いので ${}_3C_2 = 3$ 通りとなるね。2個とも黄，2個とも青，2個とも黒，2個とも白のときも同じだね。

よって2個とも同じ色となる確率は

　　　　　　　　赤,黄,青,黒,白のどの色か？
$$\frac{{}_3C_2 \times \boxed{5}}{{}_{15}C_2} = \frac{3 \times 5}{105} = \frac{1}{7}$$ ……答

(2) 今度は3個取り出すのですべての数は

　　　${}_{15}C_3 = 455$ 通り

となるね。3個のうち2個だけが同じ色となる場合の数を求めよう。

たとえば

　　㊥㊥㊥　や　㊥㊥㊥

などがあるね。赤が2個で黄が1個のときは

　　　${}_3C_2 \times {}_3C_1$ 通り
　　　赤3個から2個　黄3個から1個

赤が1個で，黄が2個のときは

　　　${}_3C_1 \times {}_3C_2$ 通り
　　　赤3個から1個　黄3個から2個

つまり赤と黄を取り出すときは

　　　${}_3C_2 \times {}_3C_1 \times 2$ 通り

$${}_3C_2 \times {}_3C_1 + {}_3C_1 \times {}_3C_2 = {}_3C_2 \times {}_3C_1 \times 2$$

となるね。これは赤と青のときでも黒と白のときでも同じだよね。よって，3個のうち2個だけが同じ色となる確率は

　　　　　　　　　　　　5色のうちどの色か？
$$\frac{({}_3C_2 \times {}_3C_1 \times 2) \times \boxed{{}_5C_2}}{{}_{15}C_3} = \frac{(3 \times 3 \times 2) \times 10}{455} = \frac{36}{91}$$ ……答

(3) 3個とも互いに色が異なるのは，たとえば

　　㊥㊥㊥　や　㊥㊥㊥

などがあるね。たとえば㊥㊥㊥のときは，

　　　${}_3C_1 \times {}_3C_1 \times {}_3C_1$ 通り
　　赤3個から　黄3個から　青3個から
　　　1個　　　1個　　　1個

となるね。青 黒 白 のときも同じだよね。

よって3個とも互いに色が異なる確率は

5色のうちどの3色か？

$$\frac{({}_3C_1 \times {}_3C_1 \times {}_3C_1) \times \boxed{{}_5C_3}}{{}_{15}C_3} = \frac{(3 \times 3 \times 3) \times 10}{455} = \frac{54}{91}$$ ……答

それでは，解答をみてみよう！

解答 A

(1) 5色のうちどの色や？

$$\frac{{}_3C_2 \times \boxed{5}}{\boxed{{}_{15}C_2}} = \frac{3 \times 5}{105} = \frac{1}{7}$$ ……答

異なる15個のものから異なる2個を選ぶ

(2) 5色のうちどの2色や？

$$\frac{({}_3C_2 \times {}_3C_1 \times 2) \times \boxed{{}_5C_2}}{\boxed{{}_{15}C_3}} = \frac{(3 \times 3 \times 2) \times 10}{455} = \frac{36}{91}$$ ……答

異なる15個のものから異なる3個を選ぶ

(3) 5色のうちどの3色か？

$$\frac{({}_3C_1 \times {}_3C_1 \times {}_3C_1) \times \boxed{{}_5C_3}}{\boxed{{}_{15}C_3}} = \frac{(3 \times 3 \times 3) \times 10}{455} = \frac{54}{91}$$ ……答

異なる15個のものから異なる3個を選ぶ

袋から玉を取り出す確率 **まとめ**

- 玉はすべて区別して考えるよ。
- 取り出した玉の順番は考えないのでC（組み合わせ）で考えるよ。

第 2 部 「確率」

第 3 講
独立な試行の確率

- 単元 1　反復試行
- 単元 2　数直線を動く点の問題
- 単元 3　くじ引きの確率
- 単元 4　さいころの目の最大値，最小値
- 単元 5　優勝が決まる確率
- 単元 6　じゃんけんの確率

第 3 講のポイント

第 3 講「独立な試行の確率」では「反復試行」「数直線を動く点の問題」「じゃんけんの確率」などを扱います。特に「じゃんけんの確率」は得意な人，苦手な人がはっきりと分かれます。君たちは「得意な人」になれるように，しっかり理解してください。

単元1 反復試行

　サイコロを5回投げたとき，3の倍数が2回出る確率を考えてみよう。サイコロの目は1から6まであるから，この中で3の倍数となるのは3と6だね。つまりサイコロを1回投げて3の倍数の目が出る確率は

$$\frac{2}{6} = \frac{1}{3}$$

となるね。今は5回投げたとき，3の倍数が2回出る確率を求めたいんだ。たとえば

　　③ ③ 1 2 5　や　1 ③ ⑥ 4 5

の順で出ればOKだね。説明のために3の倍数を○，3の倍数でないものを×としてみよう。そうすると先程の例は

　　○ ○ × × ×　や　× ○ ○ × ×

となるね。○（3の倍数）が出る確率は $\frac{1}{3}$，×（3の倍数でない）が出る

確率は $\frac{\boxed{4}}{6} = \frac{2}{3}$ となるので　1, 2, 4, 5 の4通り

「3の倍数が出る」の余事象なので $1-\frac{1}{3}=\frac{2}{3}$ としてもOK

　　○○×××となる確率は　　$\frac{1}{3}\cdot\frac{1}{3}\cdot\frac{2}{3}\cdot\frac{2}{3}\cdot\frac{2}{3}$ ………①

　　×○○××となる確率は　　$\frac{2}{3}\cdot\frac{1}{3}\cdot\frac{1}{3}\cdot\frac{2}{3}\cdot\frac{2}{3}$ ………②

となるね。①と②はともに $\left(\frac{1}{3}\right)^2\left(\frac{2}{3}\right)^3$ と同じ値になるね。

実際にすべて書き出してみると

○○×××　　○×○××　　○××○×　　○×××○
×○○××　　×○×○×　　×○××○　　××○○×
××○×○　　×××○○

の10通りあるね。しかもこれらの確率はすべて $\left(\frac{1}{3}\right)^2\left(\frac{2}{3}\right)^3$ となるね。よってサイコロを5回投げたとき，3の倍数が2回出る確率は

$$\left(\frac{1}{3}\right)^2\left(\frac{2}{3}\right)^3 + \left(\frac{1}{3}\right)^2\left(\frac{2}{3}\right)^3 + \cdots + \left(\frac{1}{3}\right)^2\left(\frac{2}{3}\right)^3 = 10\left(\frac{1}{3}\right)^2\left(\frac{2}{3}\right)^3$$

$\left(\frac{1}{3}\right)^2\left(\frac{2}{3}\right)^3$ が10個

と求まったね。ただ今回は10通りすべて書き出したけれども，10通りを計算で求めてみよう。

　○が2個，×が3個の並べ方を考えるので $_5C_2 = 10$ 通りとなるね。

5ヶ所の中から○の2ヶ所を選ぶ

よってサイコロを5回投げたとき3の倍数が2回出る確率は

$$_5C_2\left(\frac{1}{3}\right)^2\left(\frac{2}{3}\right)^3 = 10 \cdot \frac{1}{9} \cdot \frac{8}{27} = \frac{80}{243}$$

となるね。これを公式の形で表しておこう。

　3の倍数が出る確率 $\frac{1}{3}$ を p とすると，3の倍数が出ない確率 $\frac{2}{3}$ は $1-p$ となるね。

$$_5C_2\left(\frac{1}{3}\right)^2\left(\frac{2}{3}\right)^3 = {_5C_2}\, p^2(1-p)^3 = {_5C_2}\, p^2(1-p)^{5-2}$$

となるでしょう。

この形から n 回中 r 回3の倍数が出る確率は $_nC_r\, p^r(1-p)^{n-r}$ となるね。

同じ確率 $p^r(1-p)^{n-r}$ が $_nC_r$ 通りあるという意味だよ！

それでは，問題をみてみよう！

例題 Q

問 白玉2個と赤玉1個が入っている袋から，1個の玉を取り出してはもとに戻すという試行を6回くり返す。次の問いに答えよ。
(1) 赤玉が2回出る確率を求めよ。
(2) 赤玉が3回以上出る確率を求めよ。

荻島の解説

(1) 1回取り出したとき，赤玉を取り出す確率は $\dfrac{1}{3}$，白玉を取り出す確率は $\dfrac{2}{3}$ となるね。赤玉が2回出るので

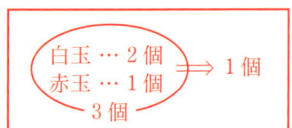

㊤㊤⑮⑮⑮⑮ や ⑮㊤⑮⑮㊤⑮

などがあり，確率はすべて $\left(\dfrac{1}{3}\right)^2\left(\dfrac{2}{3}\right)^4$ であり，全部で ${}_6C_2$ 通りあるので，求める確率は

$${}_6C_2\left(\dfrac{1}{3}\right)^2\left(\dfrac{2}{3}\right)^4 = 15 \times \dfrac{1}{9} \times \dfrac{16}{81} = \dfrac{80}{243} \quad \cdots\text{答}$$

$nC_r p^r(1-p)^{n-r}$ の公式

(2) 赤玉が3回以上出る確率は，まじめに求めると

3回または4回または5回または6回

$${}_6C_3\left(\dfrac{1}{3}\right)^3\left(\dfrac{2}{3}\right)^3 + {}_6C_4\left(\dfrac{1}{3}\right)^4\left(\dfrac{2}{3}\right)^2 + {}_6C_5\left(\dfrac{1}{3}\right)^5\left(\dfrac{2}{3}\right) + \left(\dfrac{1}{3}\right)^6$$

赤玉が3回出る確率　赤玉が4回出る確率　赤玉が5回出る確率　赤玉が6回出る確率

となるね。ただ，これを計算するよりも，(1)を利用した方がラクに求

白玉 … 2個
赤玉 … 1個 ⟹ 1個
    3個

単元❶ 反復試行　085

まるよ。

(1)では赤玉が2回出る確率を求めたね。これは(2)の条件「赤玉が3回以上出る」を満たしていないね。だから**余事象**を考えるんだ。つまり赤玉が出る回数が2回以下の確率を求めて，1から引けばいいんだよ。

＜赤字手書き＞2回または1回または0回

赤玉が2回出る確率は

$$(1) より \frac{80}{243}$$

赤玉が1回出る確率は

$$_6C_1 \left(\frac{1}{3}\right)\left(\frac{2}{3}\right)^5 = 6 \cdot \frac{1}{3} \cdot \frac{32}{243} = \frac{64}{243}$$

赤玉が0回出る確率は

$$\left(\frac{2}{3}\right)^6 = \frac{64}{729}$$

よって求める確率は

$$1 - \left(\frac{80}{243} + \frac{64}{243} + \frac{64}{729}\right) = 1 - \frac{496}{729} = \frac{233}{729} \quad 答$$

それでは，解答をみてみよう！

解答 A

(1) 1回取り出したとき,赤玉を取り出す確率は $\frac{1}{3}$,白玉を取り出す確率は $\frac{2}{3}$ となるので

$$_6C_2\left(\frac{1}{3}\right)^2\left(\frac{2}{3}\right)^4 = \frac{80}{243} \quad \cdots\cdots 答$$

$\underbrace{\phantom{_6C_2\left(\frac{1}{3}\right)^2\left(\frac{2}{3}\right)^4}}_{{}_nC_r p^r(1-p)^{n-r}\text{の公式}}$

(2) 余事象を考えて

$$1-\left(\frac{80}{243} + {}_6C_1\frac{1}{3}\left(\frac{2}{3}\right)^5 + \left(\frac{2}{3}\right)^6\right) = \frac{233}{729} \quad \cdots\cdots 答$$

赤玉が2回　赤玉が1回　赤玉が0回

反復試行の公式　まとめ

事象 A が起こる確率を p とする。

n 回試行において,A が r 回起こる確率は

$$_nC_r p^r(1-p)^{n-r}$$

同じ確率 $p^r(1-p)^{n-r}$ が,${}_nC_r$ 通りあるという意味だよ!

単元 2　数直線を動く点の問題

x軸上を動く点Pを考えてみよう。点Pは最初原点にあり，硬貨を投げて表が出たら正の方向に1，裏が出たら負の方向に1進むとする。6回硬貨を投げたとき点Pが原点に戻る確率を求めてみよう。

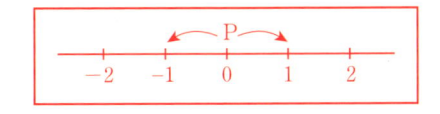

たとえば硬貨が

　　　表　裏　裏　表　表　裏

の順にでたときは，6回後原点に戻るよね。6回後原点に戻るので，表の出る回数と裏の出る回数は等しくなるはずだよね。つまり，**表が3回，裏が3回出ればOK**だね。

6回中，表が3回，裏が3回出るので，反復試行の公式を使って

$$_6C_3\left(\frac{1}{2}\right)^3\left(\frac{1}{2}\right)^3 = 20 \times \frac{1}{8} \times \frac{1}{8} = \frac{5}{16}$$

← $_nC_r p^r(1-p)^{n-r}$ の公式

6回中　表が　裏が
3回　3回出る　3回出る

となるよ。このように動点問題に対しては，**反復試行の公式**で解決する問題が数多くあるよ。

それでは，問題をみてみよう！

例題

> **問** x軸上を動く点Pがある。Pは最初原点にあり，硬貨を投げて表が出たら正の方向に1だけ進み，裏が出たら負の方向に1だけ進む。硬貨を6回投げたとき，次の確率を求めよ。
> (1) Pが6回目に原点に戻る
> (2) Pが2回目に原点に戻り，かつ6回目に原点に戻る
> (3) Pが6回目に初めて原点に戻る

荻島の解説

(1) Pが6回後に原点に戻るので，表が3回，裏が3回出ればいいよね。反復試行の公式を使って

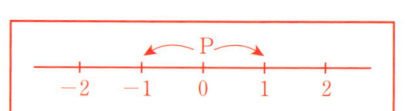

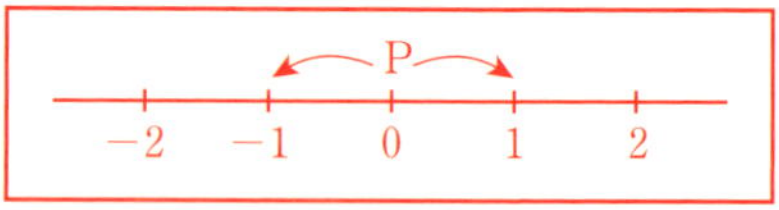

$$_6C_3\left(\frac{1}{2}\right)^3\left(\frac{1}{2}\right)^3 = 20 \times \frac{1}{8} \times \frac{1}{8} = \frac{5}{16} \quad \cdots\cdots 答$$

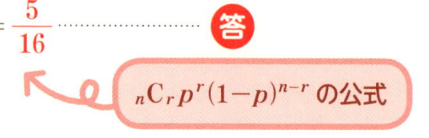

6回中　表が　裏が
3回　3回出る　3回出る

$_nC_r p^r(1-p)^{n-r}$ の公式

(2) まず2回目に原点に戻るので，最初の2回は表が1回裏が1回となるね。さらに6回目に原点に戻るので，残りの4回に対しては表が2回，裏が2回出ればOKだね。

$$_2C_1 \cdot \frac{1}{2} \cdot \frac{1}{2} \times {_4C_2}\left(\frac{1}{2}\right)^2\left(\frac{1}{2}\right)^2 = \frac{1}{2} \times \frac{3}{8} = \frac{3}{16} \quad \cdots\cdots 答$$

最初の2回は　残りの4回は
表が1回，裏が1回　表が2回，裏が2回

(3) Pが6回目に**初めて**原点に戻るということは，途中で原点に戻っては

ダメだね。

この「**初めて**」という条件がなければ(1)と全く同じだね。

まず6回目に原点に戻るので表が3回,裏が3回出ることが必要だね。でもこの中で

　　　　表　裏　表　表　裏　裏

など途中で原点に戻るものは除かなくてはいけないね。このように状況が複雑になったときは,**座標を使う**とうまく解決するよ。

横軸に回数,縦軸は点Pの位置とするんだ。たとえば 表 表 表 裏 裏 裏 は

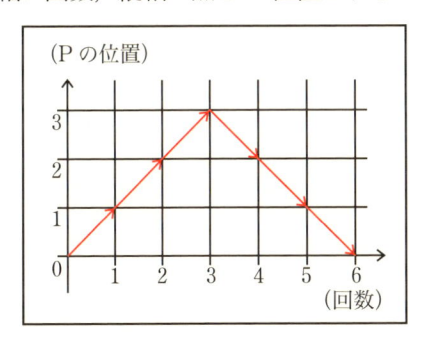

(Pの位置のグラフ)

という感じになるよ。

これを使って途中で原点に戻らないで,6回目に原点に戻る道順を書いてみると

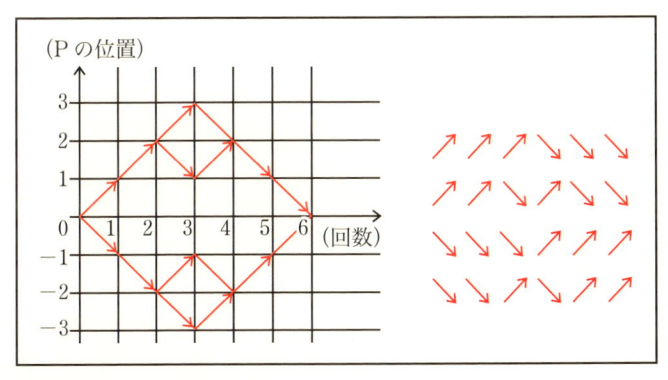

の4種類があることが分かるでしょう。

よって求める確率は

$$4\left(\frac{1}{2}\right)^3\left(\frac{1}{2}\right)^3=\frac{1}{16}\ \cdots\cdots\cdots\cdots\text{答}$$

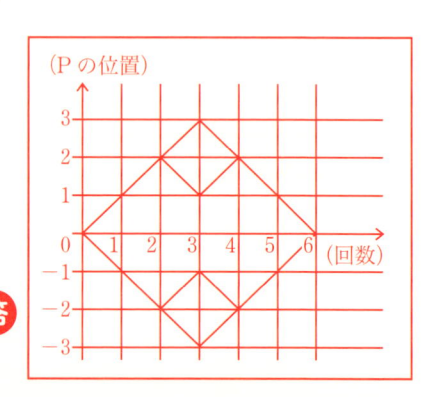

表が3回 裏が3回

それでは，解答をみてみよう！

解答 A

(1) 表が3回，裏が3回出るので

$$_6C_3\left(\frac{1}{2}\right)^3\left(\frac{1}{2}\right)^3=\frac{5}{16}\ \cdots\cdots\cdots\cdots\text{答}$$

$_nC_r p^r(1-p)^{n-r}$ の公式

(2) 最初の2回は1回表，1回裏で，残りの4回は2回表，2回裏となれば良いので

$$_2C_1\cdot\frac{1}{2}\cdot\frac{1}{2}\times {}_4C_2\left(\frac{1}{2}\right)^2\left(\frac{1}{2}\right)^2=\frac{3}{16}\ \cdots\cdots\cdots\cdots\text{答}$$

最初の2回は 表が1回,裏が1回　残りの4回は 表が2回,裏が2回

(3) 表表表裏裏裏，
　　表表裏表裏裏，
　　裏裏裏表表表，
　　裏裏表裏表表

の4通りが考えられるので

$$4\left(\frac{1}{2}\right)^3\left(\frac{1}{2}\right)^3=\frac{1}{16}\ \cdots\cdots\cdots\cdots\text{答}$$

表が3回 裏が3回

数直線を動く点の問題　まとめ

- 反復試行の公式を使って解けるものが多いよ。
- 条件が複雑なときは，座標を使うとうまく解決するよ。

単元 3 くじ引きの確率

第3講 独立な試行の確率

　当たりが3本，はずれが7本入ったくじがある。A，B，Cの3人がこの順でくじを引くときCが当たる確率を求めてみよう。ただし，**引いたくじは元に戻さない**としよう。

　Aが当たりくじを引く確率は $\dfrac{3}{10}$ だよね。

　Cが当たりくじを引く確率はこの $\dfrac{3}{10}$ より大きくなると思う？　それとも $\dfrac{3}{10}$ より小さくなると思う？

　正解は $\dfrac{3}{10}$ と等しくなるんだ。つまりくじを最初に引こうが，3番目に引こうが当たりが出る確率は同じになるんだ。なんとなく最初にくじを引いた方が有利な気がするけどね…。

> 実は何番目に引いても当たりくじを引く確率は $\dfrac{3}{10}$ となるんだ。

　実際にCが当たりくじを引く確率を求めていこう。当たりを〇，はずれを×とすると

A	B	C
〇	〇	〇
〇	×	〇
×	〇	〇
×	×	〇

の4通りが考えられるね。

> 当たり…3本
> はずれ…7本
> 10本

```
A  B  C
○  ○  ○   のときは $\dfrac{3}{10} \times \dfrac{2}{9} \times \dfrac{1}{8}$

○  ×  ○   のときは $\dfrac{3}{10} \times \dfrac{7}{9} \times \dfrac{2}{8}$

×  ○  ○   のときは $\dfrac{7}{10} \times \dfrac{3}{9} \times \dfrac{2}{8}$

×  ×  ○   のときは $\dfrac{7}{10} \times \dfrac{6}{9} \times \dfrac{3}{8}$
```

> 当たり…3本
> はずれ…7本
> 10本

となるのでCが当たりくじを引く確率は

$$\dfrac{3}{10} \times \dfrac{2}{9} \times \dfrac{1}{8} + \dfrac{3}{10} \times \dfrac{7}{9} \times \dfrac{2}{8} + \dfrac{7}{10} \times \dfrac{3}{9} \times \dfrac{2}{8} + \dfrac{7}{10} \times \dfrac{6}{9} \times \dfrac{3}{8}$$

$$= \dfrac{6+42+42+126}{10 \times 9 \times 8} = \dfrac{216}{10 \times 9 \times 8} = \dfrac{3}{10}$$

確かに

Cが当たる確率 ＝ Aが当たる確率

となるでしょう。

では問題をみてみよう！

例題 Q

問 当たりが3本，はずれが7本入ったくじがある。A，B，Cの3人がこの順番でくじを引くとする。ただし，引いたくじはもとに戻さないとする。

(1) Aが当たりくじを引く確率を求めよ。
(2) Bが当たりくじを引く確率を求めよ。
(3) Cが当たりくじを引く確率を求めよ。

単元 ❸ くじ引きの確率

荻島の解説

(1) 10本中当たりが3本あるのだから，
　　Aが当たりくじを引く確率は $\dfrac{3}{10}$。……**答**

(2) Bが当たりくじを引く確率＝Aが当たりくじを引く確率 となるので答えは $\dfrac{3}{10}$ とすぐに分かるね。
　一応，ちゃんと場合分けして求める計算もやっておくね。
　当たりを○，はずれを×とすると

```
A  B
○  ○
×  ○
```

の2通りが考えられるね。

```
A  B
○  ○   のときは 3/10 × 2/9
×  ○   のときは 7/10 × 3/9
```

> 当たり…3本
> はずれ…7本
> 10本

となるのでBが当たる確率は

$$\dfrac{3}{10}\times\dfrac{2}{9}+\dfrac{7}{10}\times\dfrac{3}{9}=\dfrac{6+21}{10\times 9}=\dfrac{27}{10\times 9}=\dfrac{3}{10}$$

となり確かに

　　Bが当たりくじを引く確率 ＝ Aが当たりくじを引く確率

が成り立っているね。

(3) Cが当たりくじを引く確率 ＝ Aが当たりくじを引く確率

が成り立つので答えは $\dfrac{3}{10}$。……**答**

それでは解答をみてみよう！

解答　A

(1) 10本中当たりが3本あるのだから，
　　Aが当たりくじを引く確率は $\dfrac{3}{10}$。　　答

(2) Bが当たりくじを引く確率
　　= Aが当たりくじを引く確率となるので $\dfrac{3}{10}$。　　答

(3) Cが当たりくじを引く確率
　　= Aが当たりくじを引く確率となるので $\dfrac{3}{10}$。　　答

くじ引きの確率　まとめ

くじ引きでは当たる確率は順番に関係がなくすべて同じとなる。つまり

　　　n 番目の人が当たる確率 = 最初の人が当たる確率

となるよ。

単元 4 さいころの目の最大値，最小値

3個のさいころを同時に投げるとき，3つの目の最大値が4となる確率を考えてみよう。

まず，3個のさいころは区別する？ それとも区別しない？ 答えは区別するだよ。**さいころの問題は必ず区別するんだよ！** だから（1，2，1）と（1，1，2）は別物。区別が必要だよ。それぞれのさいころの目が6通りずつあるのですべての数は $6 \times 6 \times 6 = 216$ 通りとなる。この中で3つの目の最大値が4となるときを考えよう。

たとえば

(4, 1, 2) や (1, 4, 4) や (4, 4, 4)

> 4が2回，3回出てもOKだよ。

などがあるね。このように4が出る回数が1回または2回または3回となるね。つまり**少なくとも1回4が出れば**OKでしょう。少なくともときたら……？ そう**余事象**を考えるべきだよね。この問題は**余事象**の考え方を使ってうまく解決するよ。

まず3つの目の最大値が4なのだから，5や6が出たらマズイよね。つまり**すべて4以下**でなくてはいけない。1個のさいころを投げたとき目が4以下となる確率は $\dfrac{4}{6} = \dfrac{2}{3}$ となるね。よって3つの目がすべて4以下となる確率は

$$\dfrac{2}{3} \times \dfrac{2}{3} \times \dfrac{2}{3} = \dfrac{8}{27} \quad \cdots\cdots ①$$

> 1個目が4以下かつ
> 2個目が4以下かつ
> 3個目が4以下
> かつは掛け算だよ。

となるね。でも，この中で（1，2，3）などはマズイよね。すべて4以下の条件は満たしているが，最大値が4とはならないよね。つまり**すべて3以下**の場合がマズイよね。これが**余事象**だよね。

第3講 独立な試行の確率

1個のさいころを投げたときの目が3以下となる確率は $\frac{3}{6}=\frac{1}{2}$ となるよね。よって，3つの目がすべて3以下となる確率は

$$\frac{1}{2} \times \frac{1}{2} \times \frac{1}{2} = \frac{1}{8} \cdots\cdots ②$$

となるね。①から②を引いて

$$\frac{8}{27} - \frac{1}{8} = \frac{64-27}{216} = \frac{37}{216}$$

このようにして最大値や最小値の問題は余事象を使ってうまく解決するよ！

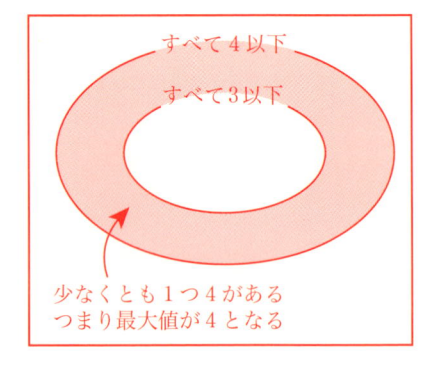

では，問題をみてみよう！

例題 Q

問 3個のさいころを同時に投げるとき，
(1) 3つの目の最大値が4である確率を求めよ。
(2) 3つの目の最小値が4である確率を求めよ。

荻島の解説

(1) 最大値が4となるので，2つの条件を考えよう。

1つは**すべて4以下**，もう1つは**すべて3以下ではない**。すべて4以下となる確率から，すべて3以下となる確率を引けば解決するね。

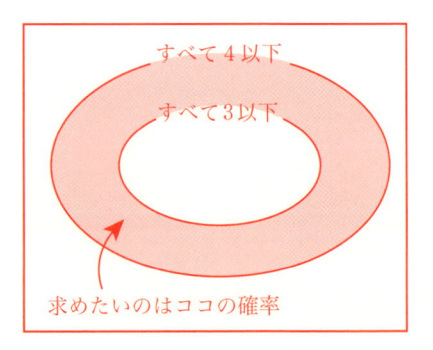

$$\left(\frac{4}{6}\right)^3 - \left(\frac{3}{6}\right)^3 = \frac{64-27}{216} = \frac{37}{216}$$ ……………… 答

<u>すべて4以下</u>　<u>すべて3以下</u>
(1,2,3,4の4通り)　(1,2,3の3通り)

(2) 最小値が4となるので，2や3などが出たらマズイね。つまりすべて4以上が必要だね。(1)と逆だよ。すべて4以上の中で (5, 5, 6) など4が出ないのがマズイので，もう一つの条件はすべて5以上ではないだよね。これらの差をとれば解決さ。

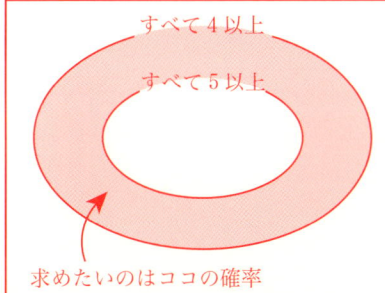

$$\left(\frac{3}{6}\right)^3 - \left(\frac{2}{6}\right)^3 = \frac{27-8}{216} = \frac{19}{216}$$

<u>すべて4以上</u>　<u>すべて5以上</u>
(4,5,6の3通り)　(5,6の2通り)

すべて4以上
すべて5以上
求めたいのはココの確率

それでは解答をみてみよう！

解答　A

(1) (すべて4以下の確率) − (すべて3以下の確率)
を考えて
$$\left(\frac{4}{6}\right)^3 - \left(\frac{3}{6}\right)^3 = \frac{37}{216}$$ ……………… 答

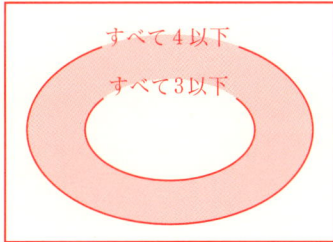

すべて4以下
すべて3以下

(2) （すべて4以上の確率）−（すべて5以上の確率）

を考えて

$$\left(\frac{3}{6}\right)^3 - \left(\frac{2}{6}\right)^3 = \frac{19}{216}$$ ……………… **答**

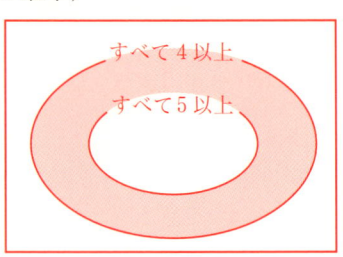

さいころの目の最大値, 最小値　　**まとめ**

$P(最大値がk) = P(すべてk以下) - P(すべてk-1以下)$

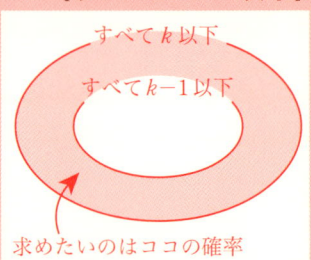

求めたいのはココの確率

$P(最小値がk) = P(すべてk以上) - P(すべてk+1以上)$

求めたいのはココの確率

の関係を使ってうまく計算しよう！

単元 5 優勝が決まる確率

A君とB君が先に4勝したら優勝が決まるゲームを行うことを考えよう。ただしA君，B君が勝つ確率はともに $\frac{1}{2}$ としよう。このときA君が第6戦で優勝する確率を求めてみよう。

たとえば勝つ順番は

A B A A B **A**
A A A B B **A**
B B A A A **A**

などがあるね。このときのポイントは**第6戦は必ずAが勝つ**ね。そして**第5戦までにAが3勝してなくてはいけない**ね。つまり**第5戦までにAが3勝して，第6戦にAが勝てば**OKだね。第5戦までにAが3勝するのだから，反復試行の公式を用いて

$${}_5C_3\left(\frac{1}{2}\right)^3\left(\frac{1}{2}\right)^2$$

${}_5C_3$(A君が勝つ確率)^3(B君が勝つ確率)${}^{5-3}$

そして，第6戦にAが勝つのだから

$${}_5C_3\left(\frac{1}{2}\right)^3\left(\frac{1}{2}\right)^2\times\frac{1}{2}$$

となるね。このように n 回で優勝が決まるときは，まず $n-1$ 回目までの勝敗を考えて，さらに n 回目に勝つ確率を最後に掛ければ解決するよ。

反復試行の公式を用いて計算することになるよ。

それでは問題をみてみよう。

例題

問 A君とB君が先に4勝したら優勝が決まるゲームを行う。A君，B君が勝つ確率はともに $\frac{1}{2}$ である。
(1) A君が4連勝で勝つ確率を求めよ。
(2) 第7戦目でA君が優勝する確率を求めよ。
(3) 第6戦目で優勝が決まる確率を求めよ。

荻島の解説

(1) A君が4連勝で勝つのだから

$$\frac{1}{2} \times \frac{1}{2} \times \frac{1}{2} \times \frac{1}{2} = \frac{1}{16}$$ ……**答**

(2) 第7戦目でA君が優勝するので，第7戦はA君が勝たなくてはいけないよね。

たとえば，勝つ順番は

　　A B A A B B **A**

という感じだね。このとき第6戦までにA君が3勝するので，このときの確率は**反復試行**の公式を用いて

$${}_6C_3 \left(\frac{1}{2}\right)^3 \left(\frac{1}{2}\right)^3$$

　　　${}_6C_3(\text{Aが勝つ確率})^3(\text{Bが勝つ確率})^{6-3}$

となるね。そして第7戦にA君が勝つ確率を掛けて

$${}_6C_3 \left(\frac{1}{2}\right)^3 \left(\frac{1}{2}\right)^3 \times \frac{1}{2} = 20 \times \frac{1}{8} \times \frac{1}{8} \times \frac{1}{2} = \frac{5}{32}$$ ……**答**

(3) 第6戦で優勝が決まる場合は，**A君が優勝するかB君が優勝するかで場合分けが必要**だよ。ただ今回の問題ではA君，B君が1回のゲームで勝つ確率はともに $\frac{1}{2}$ となっているので**A君が優勝する確率とB君が優勝する確率は等しくなる**はずだよね。だからA君が優勝する確率を求めて，それを2倍すれば解決するよ。

まず，A君が第6戦で優勝する確率を求めよう。

第6戦はAが勝つので，たとえば勝つ順番は

　　　　Ａ　Ｂ　Ａ　Ａ　Ｂ　**Ａ**

などがあるね。第5戦までにA君が3勝していれば良いのでこのときの確率は

$$_5C_3\left(\frac{1}{2}\right)^3\left(\frac{1}{2}\right)^2$$

← $_5C_3($ A君が勝つ確率$)^3($ B君が勝つ確率$)^{5-3}$

となるね。そして第6戦にA君が勝つので，A君が優勝する確率は

$$_5C_3\left(\frac{1}{2}\right)^3\left(\frac{1}{2}\right)^2 \times \frac{1}{2} = 10 \times \frac{1}{8} \times \frac{1}{4} \times \frac{1}{2} = \frac{5}{32}$$

となるね。B君が優勝する確率も同じく $\frac{5}{32}$ となるので，求める確率は

$$\underline{\underline{\frac{5}{32}}} + \underline{\underline{\frac{5}{32}}} = \frac{5}{32} \times 2 = \frac{5}{16}$$

A君が優勝する確率　　B君が優勝する確率

それでは，解答をみてみよう！

> 解 答　A

(1) A君が4連勝するので

$$\left(\frac{1}{2}\right)^4 = \frac{1}{16} \quad \cdots\cdots 答$$

(2) 第6戦までにA君が3勝して，第7戦にA君が勝つので

$$\underbrace{{}_6C_3\left(\frac{1}{2}\right)^3\left(\frac{1}{2}\right)^3}_{\text{第6戦までにA君が3勝する}} \times \underbrace{\frac{1}{2}}_{\text{第7戦にA君が勝つ}} = \frac{5}{32} \quad \cdots\cdots 答$$

(3) A君が第6戦目に優勝する確率は

$$\underbrace{{}_5C_3\left(\frac{1}{2}\right)^3\left(\frac{1}{2}\right)^2}_{\text{第5戦までにA君が3勝する}} \times \underbrace{\frac{1}{2}}_{\text{第6戦にA君が勝つ}} = \frac{5}{32}$$

B君が第6戦目に優勝する確率も同様にして $\frac{5}{32}$ となるので

$$\frac{5}{32} + \frac{5}{32} = \frac{5}{32} \times 2 = \frac{5}{16} \quad \cdots\cdots 答$$

まとめ　n回目に優勝が決まる問題

n−1回目までの勝敗を考えて，さらにn回目に勝つ確率を反復試行の公式を使って計算する。最後にかけるよ。

単元 6 じゃんけんの確率

A，B，C，Dの4人でじゃんけんをしたときに，1人だけが勝つ確率を求めてみよう。

1人だけ勝つということは，「Aだけ勝つ または Bだけ勝つ または Cだけ勝つ または Dだけ勝つ」を考えなくてはいけないね。しかし，

$$\text{Aだけ勝つ確率}=\text{Bだけ勝つ確率}=\text{Cだけ勝つ確率}$$
$$=\text{Dだけ勝つ確率}$$

となるので，Aだけ勝つ確率を求めて，4倍すればOKだね。

まず，Aだけ勝つ確率を求めていこう。

Aだけが勝つのは

A	B	C	D
グー	チョキ	チョキ	チョキ
チョキ	パー	パー	パー
パー	グー	グー	グー

の3通りあるね。A，B，C，Dそれぞれがグー，チョキ，パーの3種類の手の出し方があるので，すべての数は

$$3 \times 3 \times 3 \times 3 = 81 \text{通り}$$

よってAだけが勝つ確率は

$$\frac{3}{81} = \frac{1}{27}$$

となるね。Bだけ，Cだけ，Dだけが勝つ確率も $\frac{1}{27}$ となるので，1人だけ勝つ確率は

$$\frac{1}{27} \times 4 = \frac{4}{27}$$

となる。このようにじゃんけんでは**「何で勝つか」「誰が勝つか」**に注目すればうまく解決するよ。

では，問題をみてみよう！

例題 Q

問 A，B，C，Dの4人がじゃんけんを1回するとき，
(1) 1人のみが勝つ確率を求めよ。
(2) 2人が勝つ確率を求めよ。
(3) 3人が勝つ確率を求めよ
(4) あいこになる確率を求めよ。

荻島の解説

(1) A，B，C，Dはそれぞれグー，チョキ，パーの3通りずつ手の出し方があるので，すべての数は

$3 \times 3 \times 3 \times 3 =$ **81通り**

この中でAだけが勝つのは

A	B	C	D
グー	チョキ	チョキ	チョキ
チョキ	パー	パー	パー
パー	グー	グー	グー

の**3通り**あるね。Bのみ，Cのみ，Dのみが勝つときも同じく3通りずつあるので，求める確率は

単元 ❻ じゃんけんの確率

<u>何で 誰が</u>
<u>勝つか 勝つか</u>
$$\frac{\boxed{3}\times\boxed{4}}{81}=\frac{4}{27} \quad\cdots\cdots\cdots\text{答}$$

(2) まず A と B の 2 人が勝つときを考えてみよう。

A	B	C	D
グー	グー	チョキ	チョキ
チョキ	チョキ	パー	パー
パー	パー	グー	グー

の 3 通りが考えられるね。今は A と B が勝つときを考えたけど，B と C

<u>何で勝つか</u>

が勝つ場合も，A と D が勝つ場合も同じく 3 通りとなるね。どの 2 人が勝つかは A，B，C，D の 4 人から 2 人選べば良いので ₄C₂＝6 通りとなるね。よって 2 人が勝つ確率は <u>2人の順番は考えない</u> <u>誰が勝つか</u>

<u>何で 誰が</u>
<u>勝つか 勝つか</u>
$$\frac{\boxed{3}\times\boxed{_4C_2}}{81}=\frac{3\times 6}{81}=\frac{2}{9} \quad\cdots\cdots\cdots\text{答}$$

(3) まず A と B と C の 3 人が勝つときを考えてみよう。

A	B	C	D
グー	グー	グー	チョキ
チョキ	チョキ	チョキ	パー
パー	パー	パー	グー

の 3 通りが考えられるね。B と C と D が勝つ場合も A と C と D が勝つ場合も同じく 3 通りとなるね。

どの 3 人が勝つかは，4 人から 3 人を選べば良いので ₄C₃＝4 通りとなるね。よって 3 人が勝つ確率は

<手書き: 何で勝つの　誰が勝つか>

$$\frac{\boxed{3} \times \boxed{{}_4C_3}}{81} = \frac{3 \times 4}{81} = \frac{4}{27} \quad\cdots\cdots\cdots\text{答}$$

まあ，こうやって解いてもいいんだけど，実はもっとうまく解けるんだ。

3人が勝つ確率＝1人のみが勝つ確率

となるのは分かるかな？

たとえばA，B，Cの3人が勝つことはDのみが負けることと同じだよね。そして

A	B	C	D
グー	グー	グー	チョキ
チョキ	チョキ	チョキ	パー
パー	パー	パー	グー

Dのみが負ける確率

＝Dのみが勝つ確率

となるでしょう。

Dのみが負ける
A	B	C	D
グー	グー	グー	チョキ
チョキ	チョキ	チョキ	パー
パー	パー	パー	グー

⇔ 1対1に対応する

Dのみが勝つ
A	B	C	D
グー	グー	グー	パー
チョキ	チョキ	チョキ	グー
パー	パー	パー	チョキ

このことから

3人が勝つ確率＝1人のみが勝つ確率＝$\dfrac{4}{27}$ $\cdots\cdots\cdots$ 答

となるね。一般に n 人じゃんけんにおいて

k 人が勝つ確率＝$n-k$ 人が勝つ確率

が成り立つ。これを使ってかなり計算量を減らすことができるよ。

> たとえば6人のじゃんけんにおいて，
> 4人勝つ確率＝2人勝つ確率
> となるよ。

(4) あいこをまじめに考えると

A	B	C	D
グー	グー	グー	グー
チョキ	チョキ	チョキ	チョキ
パー	パー	パー	パー

のすべて同じ手を出すパターンと

A	B	C	D
グー	グー	チョキ	パー
グー	チョキ	パー	パー

⋮

などのグー，チョキ，パーの3種類の手が出るパターンがあるね。3種類の手が出るということは，だれか2人は同じ手でなくてはいけないね。これが5人，6人，…と人数が増えるとかなり複雑になるね。だから**あいこはまじめに場合分けをすると，かなり大変な状況になるときがあるよ。**では，どうやって解いていくかというと「**余事象**」を使うんだ。あいこでない場合は「1人だけ勝つ」「2人勝つ」「3人勝つ」だよね。これらの確率を1から引けばうまく解決するよ。

$$1-\frac{4}{27}-\frac{2}{9}-\frac{4}{27}=\frac{27-4-6-4}{27}=\frac{13}{27}$$

　　1人だけ　2人勝つ　3人勝つ
　　勝つ確率　確率　　確率

あいこは余事象を使って，うまく解いてね！

では，解答をみてみよう！

解答 A

(1) 何で勝つか　A,B,C,Dの組が勝つか

$$\dfrac{\boxed{3}\times\boxed{4}}{3^4}=\dfrac{4}{27}\quad\text{答}$$

(2) 何で勝つか　A,B,C,Dのうちどの2人が勝つか

$$\dfrac{\boxed{3}\times\boxed{{}_4C_2}}{3^4}=\dfrac{3\times 6}{3^4}=\dfrac{2}{9}\quad\text{答}$$

(3) 3人が勝つ確率 ＝ 1人のみが勝つ確率

となるので　$\dfrac{4}{27}$　答

(4) 余事象を考えて

$$1-\dfrac{4}{27}-\dfrac{2}{9}-\dfrac{4}{27}=\dfrac{13}{27}\quad\text{答}$$

> あいこは余事象を使ってね！

じゃんけん問題　まとめ

① 「何で勝つか」「誰が勝つか」に注目するよ。

② n人のじゃんけんでは

　　k人勝つ確率 ＝ $n-k$人勝つ確率

　を使ってうまく答をだすよ。

③ あいこは余事象で計算するよ。

第2部 「確率」

第4講 センター問題に挑戦！

単元1 センター過去問チャレンジ①

単元2 センター過去問チャレンジ②

単元3 センター過去問チャレンジ③

単元4 センター過去問チャレンジ④

単元5 センター過去問チャレンジ⑤

第4講のポイント

第4講ではセンター試験の過去問を演習していきます。第1部，第2部の総復習となる講です。第1講から第3講までを，もう一度見直してから，センター問題に挑戦してください。

センター過去問チャレンジ ❶

1から9までの数字が一つずつ書かれた9枚のカードから5枚のカードを同時に取り出す。このようなカードの取り出し方は アイウ 通りある。

(1) 取り出した5枚のカードの中に5と書かれたカードがある取り出し方は エオ 通りであり，5と書かれたカードがない取り出し方は カキ 通りである。

(2) 次のように得点を定める。
- 取り出した5枚のカードの中に5と書かれたカードがない場合は，得点を0点とする。
- 取り出した5枚のカードの中に5と書かれたカードがある場合，この5枚を書かれている数の小さい順に並べ，5と書かれたカードが小さい方から k 番目にあるとき，得点を k 点とする。

得点が0点となる確率は $\dfrac{ク}{ケ}$ である。得点が1点となる確率は $\dfrac{コ}{サシス}$ で，得点が2点となる確率は $\dfrac{セ}{ソタ}$，得点が3点となる確率は $\dfrac{チ}{ツ}$ である。

荻島の解説

9枚のカードを $\boxed{1}, \boxed{2}, \boxed{3}, \cdots, \boxed{8}, \boxed{9}$ としよう。この中から5枚を取り出すのでカードの取り出し方は

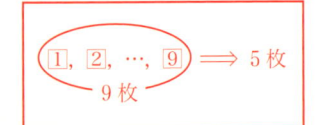

順番を考えないのでCで計算

$$_9C_5 = {}_9C_4 = \frac{9 \cdot 8 \cdot 7 \cdot 6}{4 \cdot 3 \cdot 2 \cdot 1} = \boxed{126} \text{ 通り}$$

$nC_r = nC_{n-r}$

(1) 取り出した5枚のカードの中に⑤が含まれる場合を考えよう。

　　たとえば

　　　　① ② ⑤ ⑦ ⑧

などの場合だよね。⑤が取り出されることが決まっているので，残りの4枚を何にするかを考えればいいんだよ。つまり⑤以外の8枚から4枚を取り出すことを考えて

$$_8C_4 = \frac{8 \cdot 7 \cdot 6 \cdot 5}{4 \cdot 3 \cdot 2 \cdot 1} = \boxed{70} \text{ 通り}$$

　次に，取り出した5枚のカードの中に⑤が含まれてない場合を考えよう。

　　たとえば

　　　　① ② ③ ⑦ ⑧

などの場合だよね。⑤が取り出されないことが決まっているので，⑤以外の8枚から5枚を取り出すことを考えて

$$_8C_5 = {}_8C_3 = \frac{8 \cdot 7 \cdot 6}{3 \cdot 2 \cdot 1} = \boxed{56} \text{ 通り} \cdots\cdots ①$$

$nC_r = nC_{n-r}$

> **別解**
>
> 「⑤が含まれない」のは「⑤が含まれる」の余事象だから
>
> $$126 - 70 = \boxed{56} \text{ 通り}$$
>
> 全体事象　⑤が含まれるとき
>
> と求めることもできるよ。

(2) 得点の決め方は
- 5が含まれていないときは0点
- 5が含まれているときは，5枚を小さい順に並べて，5が小さい方から k 番目のとき k 点

得点が0点となる確率

5が含まれていなければ良いので①より56通りとなるので確率は
$$\frac{56}{126} = \boxed{\frac{4}{9}}$$

得点が1点となる確率

5が含まれていて，さらに5が1番小さいとき
　　　5 6 7 8 9
の1通りとなるので確率は
$$\boxed{\frac{1}{126}}$$

得点が2点となる確率

5が含まれていて，さらに5が2番目に小さいとき，たとえば
　　　2 5 6 7 8 や 1 5 6 8 9
などの場合だよね。

　　　5の左側は1～4，右側は6～9
が来るので
$$_4C_1 \times _4C_3 = 4 \times 4 = 16 \text{ 通り}$$

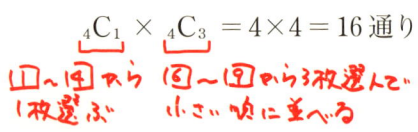

（手書き注：1〜4から1枚選ぶ　6〜9から3枚選んで小さい順に並べる）

よって確率は
$$\frac{16}{126} = \boxed{\frac{8}{63}}$$

得点が3点となる確率

5が含まれていて，さらに5が3番目に小さいとき，

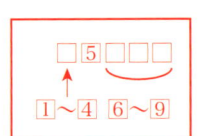

たとえば

$\boxed{1}\boxed{2}\boxed{5}\boxed{6}\boxed{7}$ や $\boxed{2}\boxed{4}\boxed{5}\boxed{7}\boxed{9}$

などの場合だよね。

$\boxed{5}$ の左側は $\boxed{1}$〜$\boxed{4}$, 右側は $\boxed{6}$〜$\boxed{9}$ が来るので

$$_4C_2 \times {}_4C_2 = 6 \times 6 = 36 \text{ 通り}$$

（手書き: $\boxed{1}$〜$\boxed{4}$ から 2枚選んで 小さい順に並べる　$\boxed{6}$〜$\boxed{9}$ から 2枚選んで 小さい順に並べる）

よって確率は

$$\frac{36}{126} = \boxed{\frac{2}{7}}$$

それでは解答をみてみよう！

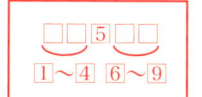

解答　A

9枚のカードを $\boxed{1}, \boxed{2}, \cdots, \boxed{9}$ とする。カードの取り出し方は

$$_9C_5 = \boxed{126} \text{ 通り}$$

（手書き: 取り出す順番を 考えないので C で計算）

(1) 取り出した5枚のカードの中に $\boxed{5}$ がある取り出し方は

$$_8C_4 = \boxed{70} \text{ 通り}$$

取り出した5枚のカードの中に $\boxed{5}$ がない取り出し方は

$$_8C_5 = \boxed{56} \text{ 通り}$$

（注釈: $\boxed{5}$ は取り出されることが決まっているので, $\boxed{5}$ 以外の8枚から4枚を取り出すことを考える）

（注釈: $\boxed{5}$ は取り出されないことが決まっているので, $\boxed{5}$ 以外の8枚から5枚を取り出すことを考える）

(2) 得点が0点となるのは，$\boxed{5}$が含まれないときなので，

0点となる確率は $\dfrac{56}{126} = \dfrac{\boxed{4}}{\boxed{9}}$

得点が1点となるのは，

$\boxed{5}\ \boxed{6}\ \boxed{7}\ \boxed{8}\ \boxed{9}$ ← $\boxed{5}$が含まれ，さらに$\boxed{5}$が1番小さいとき

を取り出すときなので，1点となる確率は $\dfrac{\boxed{1}}{\boxed{126}}$

得点が2点となるのは

$$_4C_1 \times {}_4C_3 = 4 \times 4 = 16 \text{ 通り}$$

となるので，2点となる確率は $\dfrac{16}{126} = \dfrac{\boxed{8}}{\boxed{63}}$

得点が3点となるのは

$$_4C_2 \times {}_4C_2 = 6 \times 6 = 36 \text{ 通り}$$

となるので，3点となる確率は $\dfrac{36}{126} = \dfrac{\boxed{2}}{\boxed{7}}$

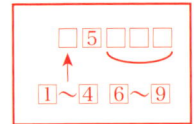

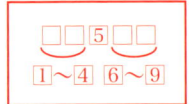

センター過去問チャレンジ ❷

1個のさいころを投げるとき、4以下の目が出る確率 p は $\dfrac{\boxed{ア}}{\boxed{イ}}$ であり、5以上の目が出る確率 q は $\dfrac{\boxed{ウ}}{\boxed{エ}}$ である。

以下では、1個のさいころを8回繰り返して投げる。

(1) 8回の中で4以下の目がちょうど3回出る確率は $\boxed{オカ}\,p^3q^5$ である。

　　第1回目に4以下の目が出て、さらに次の7回の中で4以下の目がちょうど2回出る確率は $\boxed{キク}\,p^3q^5$ である。

　　第1回目に5以上の目が出て、さらに次の7回の中で4以下の目がちょうど3回出る確率は $\boxed{ケコ}\,p^3q^5$ である。

(2) 次の⓪〜⑦のうち $\boxed{オカ}$ に等しいものは $\boxed{サ}$ と $\boxed{シ}$ である。ただし、$\boxed{サ}$ と $\boxed{シ}$ は解答の順序を問わない。

　⓪ $_7C_2 \times _7C_3$ 　① $_8C_1 \times _8C_2$ 　② $_7C_2 + _7C_3$ 　③ $_8C_1 + _8C_2$
　④ $_7C_4 \times _7C_5$ 　⑤ $_8C_6 \times _8C_7$ 　⑥ $_7C_4 + _7C_5$ 　⑦ $_8C_6 \times _8C_7$

(3) 得点を次のように定める。

　　8回の中で4以下の目がちょうど3回出た場合、

　　　$n = 1, 2, 3, 4, 5, 6$ について、第 n 回目に初めて4以下の目が出たとき、得点は n 点とする。

　　また、4以下の目が出た回数がちょうど3回とならないときは、得点を0点とする。

　　このとき、得点が6点となる確率は $p^{\boxed{ス}}q^{\boxed{セ}}$ であり、得点が3点となる確率は $\boxed{ソタ}\,p^{\boxed{ス}}q^{\boxed{セ}}$ である。

荻島の解説

4以下の目（1，2，3，4）が出る確率 p は

$$p = \frac{4}{6} = \boxed{\frac{2}{3}}$$

であり，5以上の目（5，6）が出る確率 q は

$$q = \frac{2}{6} = \boxed{\frac{1}{3}}$$

となるね。

(1) 8回の中で4以下の目がちょうど3回出る確率

4以下が3回（確率 p），5以上が，$8-3=5$ 回（確率 q）出る確率を求めるんだ。でも $p^3 q^5$ ではないよ。「8回中3回…」という条件だから $_8C_3$ が必要だよね。

$$_8C_3 p^3 q^5 = \boxed{56}\, p^3 q^5$$

> 反復試行の公式 $_nC_r p^r (1-p)^{n-r}$

1回目に4以下の目が出て，次の7回の中で4以下の目が2回出る確率

1回目に4以下の目が出る確率は p だね。そして7回中2回4以下の目が出る確率は，$_7C_2 p^2 q^5$ となるね。よって求める確率は

（反復試行の公式）

$$p \times {}_7C_2 p^2 q^5 = {}_7C_2 p^3 q^5 = \boxed{21}\, p^3 q^5$$

となるね。

1回目に5以上の目が出て，次の7回で4以下の目が3回出る確率

1回目に5以上の目が出る確率は q だね。そして7回中3回4以下の目が出る確率は，$_7C_3 p^3 q^4$ となるね。よって求める確率は

（反復試行の公式）

$$q \times {}_7C_3 p^3 q^4 = {}_7C_3 p^3 q^5 = \boxed{35}\, p^3 q^5$$

となるね。

(2) ⓪〜⑦のうち 56 に等しいものを求めよう。

⓪ $_7C_2 \times _7C_3$　① $_8C_1 \times _8C_2$　② $_7C_2 + _7C_3$　③ $_8C_1 + _8C_2$
④ $_7C_4 \times _7C_5$　⑤ $_8C_6 \times _8C_7$　⑥ $_7C_4 + _7C_5$　⑦ $_8C_6 \times _8C_7$

これは「⓪ $_7C_2 \times _7C_3 = 21 \times 35 = \cdots$」なんて1つずつ計算して，56 に等しくなるものをみつけるなんてやってはいけないよ。

$56 = _8C_3$ だったよね。$_8C_3$ の意味を考えてみよう！

(1) でまず「8回の中で4以下の目が3回出る確率」を求めたね。次に「1回目に4以下が出て，次の7回の中で4以下の目が2回出る確率」そして最後に「1回目に5以上の目が出て，次の7回で4以下の目が3回出る確率」を求めたね。
　　　　　　　　　　　Ⓐ
　　　　　　　　　　　　　　　　　　　　Ⓑ
　Ⓒ

ⒶとⒷとⒸの関係が分かるかな？

Ⓐ，Ⓑ，Ⓒいずれも4以下の目が3回出る条件を考えているね。

Ⓑは1回目が4以下，Ⓒは1回目が5以上だね。

もう，分かったかな？ Ⓐの8回中4以下の目が3回出るという条件を

　Ⓑ　1回目に4以下の目が出るとき
　Ⓒ　1回目に4以下の目が出ないとき
　　　　　　　　（5以上の目が出る）

と場合分けしているんだよね。

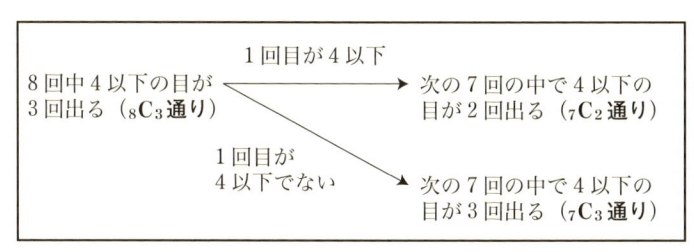

```
                1回目が4以下
8回中4以下の目が   ─────────→  次の7回の中で4以下の
3回出る（₈C₃通り）              目が2回出る（₇C₂通り）
                1回目が
                4以下でない  ─→  次の7回の中で4以下の
                                目が3回出る（₇C₃通り）
```

上の図より

　　$_8C_3 = _7C_2 + _7C_3$　（②が1つの答え）

が成り立つね。また

$$_7C_2 = {_7C_5}, \quad _7C_3 = {_7C_4}$$

が成り立つね。このことから

$$_8C_3 = {_7C_5} + {_7C_4} = {_7C_4} + {_7C_5} \quad (\boxed{⑥} \text{ がもう1つの答え})$$

(3) 得点の決め方は

・8回の中で4以下の目が3回出たとき

　　→ 第 n 回目に初めて4以下の目が出たとき n 点

・8回の中で4以下の目が出た回数が3回とならないとき

　　→ 0点

6点となる確率

8回の中で4以下の目が3回出て，第6回目に初めて4以下の目が出ればいいよね。説明の為に4以下の目を A (確率 p), 5以上の目を B (確率 q) とすると

$$BBBBBAAA$$

の順となれば良いので，6点となる確率は

$$q^5 \times p \times p^2 = p^{\boxed{③}} q^{\boxed{⑤}}$$

（$\underbrace{BBBBB}\underbrace{AAA}$
Bが5回　Aが2回）

3点となる確率

8回の中で4以下の目が3回出て，第3回目に初めて4以下の目が出ればいいよね。

たとえば

$$BBABAABB$$

という場合があるね。

（$BBABAABB$ など
Bが2回　Aが2回,
Bが3回）

初めの2回は B，3回目は A，残り5回のうち

確率は q^2　確率は p　確率は ${_5C_2}p^2q^3$

Aが2回，Bが3回となれば良いので，3点となる確率は

$$q^2 \times p \times {_5C_2}p^2q^3 = {_5C_2}p^3q^5 = \boxed{⑩}\, p^3q^5$$

それでは，解答をみてみよう！

解答 A

4以下の目が出る確率 p は

$$p = \frac{4}{6} = \boxed{\frac{2}{3}}$$

5以上の目が出る確率 q は

$$q = \frac{2}{6} = \boxed{\frac{1}{3}}$$

(1) 8回の中で4以下の目がちょうど3回出る確率は

$${}_8C_3 p^3 q^5 = \boxed{56}\, p^3 q^5$$ ← 反復試行の公式 ${}_nC_r p^r (1-p)^{n-r}$

<u>1回目に4以下の目が出て，</u>（確率は p）

<u>次の7回の中で4以下の目が2回出る確率は</u>（確率は ${}_7C_2 p^2 q^5$）

$$p \times {}_7C_2 p^2 q^5 = {}_7C_2 p^3 q^5 = \boxed{21}\, p^3 q^5$$

<u>1回目に5以上の目が出て，次の7回で4以下の目が3回出る確率は</u>（確率は q）（確率は ${}_7C_3 p^3 q^4$）

$$q \times {}_7C_3 p^3 q^4 = {}_7C_3 p^3 q^5 = \boxed{35}\, p^3 q^5$$

(2)

```
                 1回目が4以下
8回中4以下の目が ─────────→ 次の7回の中で4以下の
3回出る (₈C₃ 通り)              目が2回出る (₇C₂ 通り)
                 1回目が
                 4以下でない → 次の7回の中で4以下の
                                目が3回出る (₇C₃ 通り)
```

上の図より

$${}_8C_3 = {}_7C_2 + {}_7C_3$$

また
$$_8C_3 = {}_7C_2 + {}_7C_3 = {}_7C_5 + {}_7C_4$$
が成り立つので

56 ($_8C_3$) に等しいものは $_7C_2 + {}_7C_3$ (②) と $_7C_4 + {}_7C_5$ (⑥) である。

> $_nC_r = {}_nC_{n-r}$ の公式

(3) 6点となる為には，8回の中で4以下の目が3回出て，第6回目に初めて4以下の目が出れば良いので，

得点が6点となる確率は
$$q^5 \times p \times p^2 = p^{③} q^{⑤}$$

> $BBBBBAAA$
> Bが5回 Aが2回

3点となる為には，8回の中で4以下の目が3回出て，第3回目に初めて4以下の目がでれば良いので

得点が3点となる確率は
$$q^2 \times p \times {}_5C_2 p^2 q^3 = \boxed{10}\, p^3 q^5$$

> $BBABAABB$ など
> Bが2回 Aが2回，Bが3回

センター過去問チャレンジ ❸

袋の中に赤玉5個,白玉5個,黒玉1個の合計11個の玉が入っている。赤玉と白玉にはそれぞれ1から5までの数字が一つずつ書かれており,黒球には何も書かれていない。なお,同じ色の玉には同じ数字は書かれていない。この袋から同時に5個の玉を取り出す。

5個の玉の取り出し方は $\boxed{アイウ}$ 通りある。

取り出した5個の中に同じ数字の赤玉と白玉の組が2組あれば得点は2点,1組だけあれば得点は1点,1組もなければ得点は0点とする。

(1) 得点が0点となる取り出し方のうち,黒球が含まれているのは $\boxed{エオ}$ 通りであり,黒玉が含まれていないのは $\boxed{カキ}$ 通りである。

得点が1点となる取り出し方のうち,黒玉が含まれているのは $\boxed{クケコ}$ 通りであり,黒玉が含まれていないのは $\boxed{サシス}$ 通りである。

(2) 得点が1点である確率は $\dfrac{\boxed{セソ}}{\boxed{タチ}}$ であり,2点である確率は $\dfrac{\boxed{ツ}}{\boxed{テト}}$ である。

荻島の解説

まず5個の赤玉を ㊁₁, ㊁₂, ㊁₃, ㊁₄, ㊁₅, 5個の白玉を ㋻₁, ㋻₂, ㋻₃, ㋻₄, ㋻₅, そして黒玉を Ⓑ としよう。

異なる11個の玉から,5個を取り出すので玉の取り出し方は

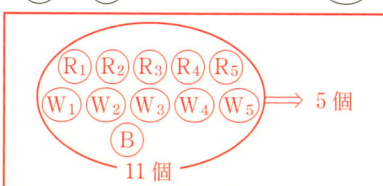

$$_{11}C_5 = \frac{11 \cdot 10 \cdot 9 \cdot 8 \cdot 7}{5 \cdot 4 \cdot 3 \cdot 2 \cdot 1} = \boxed{462} \text{ 通り}$$

となるね。

得点の決め方は

・同じ数字の赤玉と白玉が2組 $\implies$ 2点

・同じ数字の赤玉と白玉が1組 $\implies$ 1点

・同じ数字の赤玉と白玉がない $\implies$ 0点

となるよ。

(1) 得点が0点で黒玉が含まれているとき

たとえば

$(B)(R_1)(W_2)(W_4)(R_5)$

という場合があるね。同じ数字が2個あってはダメだよね。今回は1, 2, 4, 5が1つずつ出ているね。まず, 1, 2, 4, 5, が出るとき何通りあるか考えよう。

1は(R_1)と(W_1)の2通り, 2は(R_2)と(W_2)の2通り, 4は(R_4)と(W_4)の2通り, 5は(R_5)と(W_5)の2通りあるので

$2 \times 2 \times 2 \times 2 = 16$ 通り

1, 2, 4, 5のとき16通り, これは1, 2, 3, 4の場合でも同じだよね。よって

$16 \times {}_5C_4 = 16 \times 5 = \boxed{80}$ 通り

1, 2, 3, 4, 5のうちどの4つの数か？

得点が0点で黒玉が含まれないとき

たとえば

$(R_1)(R_2)(W_3)(R_4)(W_5)$

という場合があるね。同じ数字が2個あってはダメなので, 1, 2, 3, 4, 5が1つずつ出るはずだよね。

1は(R_1)と(W_1)の2通り, 2は(R_2)と(W_2)の2通り, 3は(R_3)と(W_3)の

2通り，4はR_4とW_4の2通り，5はR_5とW_5の2通りあるので

$$2 \times 2 \times 2 \times 2 \times 2 = \boxed{32} \text{ 通り}$$

得点が1点で黒玉が含まれているとき

たとえば

B R_1 W_1 W_3 R_4

ここで1点

という場合があるね。今回は同じ数字が1組だけ含まれている場合を考えるんだ。具体例ではR_1とW_1で1が1組あるね。

まず1が1組ある場合を考えよう。残りは2, 3, 4, 5のどれかとなる。残りが3と4の場合には3はR_3とW_3の2通り。4はR_4とW_4の2通りとなるので

$$2 \times 2 = 4 \text{ 通り}$$

2と4，3と5，…などの場合も同じだね。

よって1が1組ある場合は

$$4 \times {}_4C_2 = 4 \times 6 = 24 \text{ 通り}$$

2,3,4,5のうちどの2つを考えるか？

2が1組，3が1組，…のときも同数となるね。

よって

$$24 \times 5 = \boxed{120} \text{ 通り}$$

1,2,3,4,5のうちどの数字が1組あるか？

得点が1点で黒玉が含まれていないとき

たとえば

R_1 W_1 R_2 R_3 W_5

ここで1点

という場合があるね。

これもまず，1が1組ある場合を考えよう。残りは2, 3, 4, 5のど

れかとなる。

残りが 2, 3, 5 の場合には 2 は $\text{\textcircled{R}}_2$ と $\text{\textcircled{W}}_2$ の 2 通り，3 は $\text{\textcircled{R}}_3$ と $\text{\textcircled{W}}_3$ の 2 通り，5 は $\text{\textcircled{R}}_5$ と $\text{\textcircled{W}}_5$ の 2 通りとなるので

$$2 \times 2 \times 2 = 8 \text{ 通り}$$

2 と 3 と 4, 2 と 4 と 5, …などの場合も同じだよね。

よって，1 が 1 組ある場合は

$$8 \times {}_4C_3 = 8 \times 4 = 32 \text{ 通り}$$

2,3,4,5 のうち どの 3 つを考えるか？

2 が 1 組，3 が 1 組，…のときも同数となるね。

よって

$$32 \times 5 = \boxed{160} \text{ 通り}$$

1,2,3,4,5 のうち どの数字が 1 組あるか？

(2) 得点が 1 点である確率

(1) の結果から

　　得点が 1 点で黒玉が含まれているとき　… 120 通り

　　得点が 1 点で黒玉が含まれていないとき … 160 通り

と分かっているので，得点が 1 点となるのは

$$120 + 160 = 280 \text{ 通り}$$

よって 1 点となる確率は

$$\frac{280}{462} = \boxed{\frac{20}{33}}$$

得点が 2 点である確率

2 点となる場合の数を求めるよりも，ここまでの結果を利用してうまく求めることができるよ。

> 余事象を利用するよ！

(1) の結果から

　　得点が 0 点で黒玉が含まれているとき　… 80 通り

得点が 0 点で黒玉が含まれていないとき … **32 通り**

と分かっているので，得点が 0 点となるのは

　　$80 + 32 = 112$ **通り**

　よって，得点が 2 点となるのは

　　$462 - (280 + 112) = 462 - 392 = 70$ **通り**

全体　1点となる　→0点となる

　よって 2 点となる確率は

　　$\dfrac{70}{462} = \boxed{\dfrac{5}{33}}$

> **別解**
>
> 　余事象を利用しないで，求めてみよう。
>
> 　得点が 2 点となるのは，たとえば
>
> 　　$R_1 W_1 R_2 W_2 R_5$
>
> ここで1点　ここで1点
>
> 　同じ数字が 2 組含まれている場合を考えよう。
>
> 　まず 1 と 2 が 1 組ずつある場合を考えよう。
>
> 　残りは B, R_3, W_3, R_4, W_4, R_5, W_5 のいずれかとなるので 7 通りとなるね。
>
> 　2 と 3 が 1 組ずつ，3 と 5 が 1 組ずつ，…の場合も同数あるので
>
> 　　$7 \times {}_5C_2 = 7 \times 10 = $ **70 通り**
>
> 1,2,3,4,5 のうち どの数字で2組あるか？
>
> 　よって 2 点となる確率は
>
> 　　$\dfrac{70}{462} = \boxed{\dfrac{5}{33}}$
>
> 　たいして大変な計算ではないけれど，問題の流れからすると余事象でやるべきだよ。問題の出題者は前の結果を利用して，うまく解けるように仕組んであるのだから。

それでは，解答をみてみよう！

解答 A

5個の赤玉を R_1, R_2, R_3, R_4, R_5，5個の白玉を W_1, W_2, W_3, W_4, W_5，黒玉を B とする。

5個の玉の取り出し方は

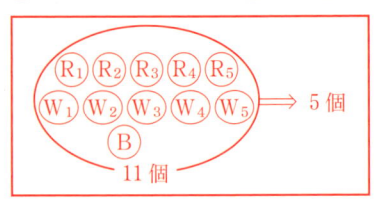

$$_{11}C_5 = \boxed{462} \text{ 通り}$$

(1) 得点が0点で，黒玉が含まれているのは

$$2 \times 2 \times 2 \times 2 \times {}_5C_4$$

　　　1, 2, 3, 4, 5のうち
　　　どの4つの数か？

$$= 16 \times 5 = \boxed{80} \text{ 通り}$$

	1, 2, 4, 5のとき			
Ⓑ	①	②	④	⑤
	R_1, W_1 の2通り	R_2, W_2 の2通り	R_4, W_4 の2通り	R_5, W_5 の2通り

得点が0点で黒玉が含まれていないのは

$$2 \times 2 \times 2 \times 2 \times 2 = \boxed{32} \text{ 通り}$$

①	②	③	④	⑤
R_1, W_1 の2通り	R_2, W_2 の2通り	R_3, W_3 の2通り	R_4, W_4 の2通り	R_5, W_5 の2通り

得点が1点で，黒玉が含まれているのは

$$2 \times 2 \times {}_4C_2 \times 5$$

　　　残りの数1〜5の
　　　どの数が
　　　1組あるか？

$$= \boxed{120} \text{ 通り}$$

	1が1組あり，残りの数が3, 4のとき			
Ⓑ	R_1	W_1	③	④
			R_3, W_3 の2通り	R_4, W_4 の2通り

得点が 1 点で黒玉が含まれていないのは

$2 \times 2 \times 2 \times {}_4C_3 \times 5$

残りの数 ← 1〜5 のどの数が 1 組あるか？

1 が 1 組あり，残りの数が 2, 3, 4 のとき
Ⓡ₁ Ⓦ₁   ②   ③   ④
          R₂, W₂ R₃, W₃ R₄, W₄
          の 2 通り の 2 通り の 2 通り

$= \boxed{160}$ 通り

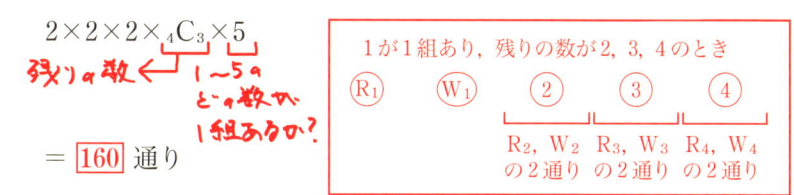

(2) (1) より「得点が 1 点で黒玉が含まれているのは 120 通り」

「得点が 1 点で黒玉が含まれていないのは 160 通り」となったので，得点が 1 点である確率は $\dfrac{280}{462} = \boxed{\dfrac{20}{33}}$。

「得点が 0 点で黒玉が含まれているのは 80 通り」

「得点が 0 点で黒玉が含まれていないのは 32 通り」

となったので，得点が 0 点となるのは $80+32=112$ 通り

よって，2 点である確率は

$\dfrac{462-(280+112)}{462} = \dfrac{70}{462} = \boxed{\dfrac{5}{33}}$

余事象を利用！

センター過去問チャレンジ ❹

さいころを繰り返し投げ，出た目の数を加えていく。その合計が4以上になったところで投げることを終了する。

(1) 1の目が出たところで終了する目の出方は ア 通りである。
　　2の目が出たところで終了する目の出方は イ 通りである。
　　3の目が出たところで終了する目の出方は ウ 通りである。
　　4の目が出たところで終了する目の出方は エ 通りである。

(2) 投げる回数が1回で終了する確率は $\dfrac{オ}{カ}$ であり，2回で終了する確率は $\dfrac{キ}{クケ}$ である。終了するまでに投げる回数が最も多いのは コ 回であり，投げる回数が コ 回で終了する確率は $\dfrac{サ}{シスセ}$ である。

荻島の解説

投げることを終了する条件は
「出た目の合計が4以上になる」だよ。
　　4でなく4以上だよ。

(1) **1の目が出たところで終了する**

最後に1の目が出る。では，その前の目までにどのような状況になっていればいい？

出た目の合計が4以上で終了するので，その前の目までの和が3以上となればOKだね。3以上ということは3だよね。　4以上−1＝3以上
　　その前の目までに4以上となると，そこで終了してしまう

出た目を左から，書き出してみると
　　(1, 1, 1, 1), (1, 2, 1) (2, 1, 1) (3, 1) ………… ①
の$\boxed{4}$通りとなるよ。

2の目が出たところで終了する

　最後に2の目が出る。では，その前の目までにどのような状況になっていればいい？

　出た目の合計が4以上で終了するので，その前の目までの和が2以上となればOKだね。2以上ということは2または3だよね。

その前の目までに4以上になると，4以上ー2＝2以上　そこで終了してしまう

　その前の目までの和が3となるとき，前の結果がうまく利用できるのがわかるかな？

①がうまく使えるね。

①は最後が1で終了するので，その前の目までが3となっている

①を利用して
　　(1, 1, 1, 2) (1, 2, 2) (2, 1, 2) (3, 2)
　その前の目までの和が2となるとき
　　(1, 1, 2) (2, 2) ………… ②
よって　4＋2＝$\boxed{6}$通り

3の目が出たところで終了する

　最後に3の目が出る。では，その前までにどのような状況になっていればいい？

　出た目の合計が4以上で終了するので，その前の目までの和が1以上となればOKだね。　*4以上ー3＝1以上*

1以上ということは1または2または3だよね。

その前までに4以上となると終了してしまう

その前の目までの和が3となるとき，先程と同じように①を利用できるね。

（①は最後が1で終了するので，その前の目までが3となっている）

　①を利用して
　　　(1, 1, 1, 3), (1, 2, 3) (2, 1, 3) (3, 3)
その前の目までの和が2となるとき

　　②がうまく使えるね。

（②はその前の目までが2となっている）

　②を利用して
　　　(1, 1, 3)　(2, 3) ……… ③
その前の目までの和が1となるとき
　　　(1, 3)
　よって　4+2+1＝ $\boxed{7}$ 通り

4の目が出たところで終了する

　最後に4の目が出る，では，その前までにどのような状況になっていればいい？

　出た目の合計が4以上で終了するので，その前の目までの和が0以上となればOKだね。

（4以上−4＝0以上）

　0以上ということは1または2または3だよね。

（その前の目までに4以上になると終了してしまう）

　その前の目までの和が3となるとき，先程と同じように①を利用できるね。

（①はその前の目までが3となっている）

　①を利用して
　　　(1, 1, 1, 4)　(1, 2, 4)　(2, 1, 4)　(3, 4)
その前の目までの和が2となるとき

　　②がうまく使えるね。

（②はその前の目までが2となっている）

②を利用して

  (1, 1, 4) (2, 4)

その前の目までの和が1となるとき

  (1, 4)

そして，最初に4の目が出たら，そこで終了するね。

  (4)

よって $4+2+1+1=\boxed{8}$ 通り

(2) 1回で終了する確率

1回で終了するのは，最初に4以上の目（4，5，6）がでれば良いので

$$\frac{3}{6}=\boxed{\frac{1}{2}}$$

2回で終了する確率

2回で終了するのは，1回目が1，2，3のいずれかで1回目と2回目

<u>1回目が4以上だとそこで終了</u>

の和が4以上となるときだね。

1回目が1か2か3で場合分けをしていこう。

・1回目が1のとき

  (1, 3), (1, 4), (1, 5), (1, 6) の **4通り**

・1回目が2のとき

  (2, 2), (2, 3), (2, 4), (2, 5), (2, 6) の **5通り**

・1回目が3のとき

  (3, 1), (3, 2), (3, 3), (3, 4), (3, 5), (3, 6) の **6通り**

全部で **4+5+6=15通り** あるね。

(1, 3) となる確率は

$$\frac{1}{6}\times\frac{1}{6}=\frac{1}{36}$$

となるね。(1, 4), (1, 5), …

> 最初に1が出る確率は $\frac{1}{6}$
> 2回目に3が出る確率は $\frac{1}{6}$

のときも同じ確率となるでしょう。

よって求める確率は

$$\frac{1}{36} \times 15 = \boxed{\frac{5}{12}}$$

終了するまでに投げる回数が最も多いのは，(1，1，1，□) の $\boxed{4}$ 回となるね。また，このときの確率は

$1 \sim 6$

$$\frac{1}{6} \times \frac{1}{6} \times \frac{1}{6} \times \frac{6}{6} = \boxed{\frac{1}{216}}$$

> 最初に1が出る確率は $\frac{1}{6}$
> 2回目に1が出る確率は $\frac{1}{6}$
> 3回目に1が出る確率は $\frac{1}{6}$
> 4回目に1～6が出る確率は $\frac{6}{6}$

それでは，解答をみてみよう！

解答 A

(1) 1の目が出たところで終了するのは，その前までの合計が3となるときであるから

  (1, 1, 1, 1) (1, 2, 1) (2, 1, 1) (3, 1) ………… ①

の $\boxed{4}$ 通りである。

2の目が出たところで終了するのは，その前までの合計が2または3となるとき。

その前までの合計が3となるとき

  (1, 1, 1, 2) (1, 2, 2) (2, 1, 2) (3, 2)

その前までの合計が2となるとき

  (1, 1, 2) (2, 2) ………… ②

> ①を利用しているよ。

よって　4+2 = $\boxed{6}$ 通り

3の目が出たところで終了するのは，その前までの合計が1または2または3となるとき

その前までの合計が3となるとき
(1, 1, 1, 3) (1, 2, 3) (2, 1, 3) (3, 3)

その前までの合計が2となるとき
(1, 1, 3) (2, 3)

①を利用しているよ。

その前までの合計が1となるとき
(1, 3)

②を利用しているよ。

よって 4+2+1＝ $\boxed{7}$ 通り

4の目が出たところで終了するのは，その前までの合計が1または2または3となるとき

その前までの合計が3となるとき
(1, 1, 1, 4) (1, 2, 4) (2, 1, 4) (3, 4)

その前までの合計が2となるとき
(1, 1, 4) (2, 4)

①を利用しているよ。

その前までの合計が1となるとき
(1, 4)

②を利用しているよ。

また最初に4の目が出たら終了するので
(4)

よって 4+2+1+1＝ $\boxed{8}$ 通り

(2) 1回で終了する為には，最初に4以上の目が出れば良いので，1回で終了する確率は $\dfrac{3}{6} = \dfrac{\boxed{1}}{\boxed{2}}$

2回で終了するのは
(1, 3), (1, 4), (1, 5), (1, 6)
(2, 2), (2, 3), (2, 4), (2, 5), (2, 6)
(3, 1), (3, 2), (3, 3), (3, 4), (3, 5), (3, 6)

の 15 通りある。

よって，2 回で終了する確率は

$$15 \times \frac{1}{36} = \boxed{\frac{5}{12}}$$

※15通り それぞれの確率は $\frac{1}{6} \times \frac{1}{6} = \frac{1}{36}$ となる

終了するまでに投げる回数が最も多いのは（1, 1, 1, □）の $\boxed{4}$ 回であり，投げる回数が，4回で終了する確率は $\boxed{\dfrac{1}{216}}$ である。

↳ 1～6

$\frac{1}{6} \times \frac{1}{6} \times \frac{1}{6} \times \frac{6}{6} = \frac{1}{216}$ となる

センター過去問チャレンジ ❺

　さいころを3回投げ，次の規則にしたがって文字の列をつくる。ただし，何も書かれていないときや文字が1つだけのときも文字の列と呼ぶことにする。

　1回目は次のようにする。
- 出た目の数が1，2のときは，文字Aを書く
- 出た目の数が3，4のときは，文字Bを書く
- 出た目の数が5，6のときは，何も書かない

　2回目，3回目は次のようにする。
- 出た目の数が1，2のときは，文字の列の右側に文字Aを1つ付け加える
- 出た目の数が3，4のときは，文字の列の右側に文字Bを1つ付け加える
- 出た目の数が5，6のときは，いちばん右側の文字を削除する。ただし，何も書かれていないときはそのままにする

　以下の問では，さいころを3回投げ終わったときにできる文字の列について考える。

(1) 文字の列がAAAとなるさいころの目の出方は ア 通りである。

　文字の列がABとなるさいころの目の出方は イ 通りである。

(2) 文字の列がAとなる確率は $\dfrac{ウ}{エオ}$ であり，何も書かれていない文字の列となる確率は $\dfrac{カ}{キク}$ である。

(3) 文字の列の字数が3となる確率は $\dfrac{ケ}{コサ}$ であり，字数が2となる確率は $\dfrac{シ}{スセ}$ である。

荻島の解説

文字列を作る規則をまとめておこう。

1回目
- 1，2のとき … Aを書く
- 3，4のとき … Bを書く
- 5，6のとき … 何も書かない

2回目，3回目
- 1，2のとき … 右側にAを1つ付け加える
- 3，4のとき … 右側にBを1つ付け加える
- 5，6のとき … 右側の文字を1つ削除する
  何も書かれていないときは，そのままにする。

(1) **文字列がAAAとなる**

説明の為に，1，2が出るときを○，3，4が出るときを△，5，6が出るときを×としよう。

文字列がA，A，Aとなるのは，○○○のときだね。

よって $2 \times 2 \times 2 =$ 8 通り ← ○となるのは1または2の2通り

文字列がABとなる

ABとなるのは×○△のときだね。

よって $2 \times 2 \times 2 =$ 8 通り ← ×となるのは5または6の2通り
○となるのは1または2の2通り
△となるのは3または4の2通り

(2) **文字の列が A となる確率**

A となるのは

$$\times\times\bigcirc,\ \bigcirc\times\bigcirc,\ \triangle\times\bigcirc,\ \bigcirc\triangle\times,\ \bigcirc\bigcirc\times$$

の 5 通りだね。それぞれの確率は

$\times\times\bigcirc\ \cdots\ \left(\dfrac{1}{3}\right)^2 \cdot \dfrac{1}{3} = \dfrac{1}{27}$

$\bigcirc\times\bigcirc\ \cdots\ \dfrac{1}{3}\cdot\dfrac{1}{3}\cdot\dfrac{1}{3} = \dfrac{1}{27}$

$\triangle\times\bigcirc\ \cdots\ \dfrac{1}{3}\cdot\dfrac{1}{3}\cdot\dfrac{1}{3} = \dfrac{1}{27}$

$\bigcirc\triangle\times\ \cdots\ \dfrac{1}{3}\cdot\dfrac{1}{3}\cdot\dfrac{1}{3} = \dfrac{1}{27}$

$\bigcirc\bigcirc\times\ \cdots\ \left(\dfrac{1}{3}\right)^2 \cdot \dfrac{1}{3} = \dfrac{1}{27}$

> ○となる確率は $\dfrac{2}{6}=\dfrac{1}{3}$
> △となる確率は $\dfrac{2}{6}=\dfrac{1}{3}$
> ×となる確率は $\dfrac{2}{6}=\dfrac{1}{3}$

とすべて $\dfrac{1}{27}$ となるので

$5 \times \dfrac{1}{27} = \boxed{\dfrac{5}{27}}$ ………… ①

何も書かれていない確率

何も書かれていない文字列となるのは

$$\times\times\times,\ \bigcirc\times\times,\ \triangle\times\times,\ \times\bigcirc\times,\ \times\triangle\times$$

の 5 通りだね。それぞれの確率は

$\times\times\times\ \cdots\ \left(\dfrac{1}{3}\right)^3 = \dfrac{1}{27}$

$\bigcirc\times\times\ \cdots\ \dfrac{1}{3}\cdot\left(\dfrac{1}{3}\right)^2 = \dfrac{1}{27}$

$\triangle\times\times\ \cdots\ \dfrac{1}{3}\cdot\left(\dfrac{1}{3}\right)^2 = \dfrac{1}{27}$

$\times\bigcirc\times\ \cdots\ \dfrac{1}{3}\cdot\dfrac{1}{3}\cdot\dfrac{1}{3} = \dfrac{1}{27}$

$\times\triangle\times\ \cdots\ \dfrac{1}{3}\cdot\dfrac{1}{3}\cdot\dfrac{1}{3} = \dfrac{1}{27}$

とすべて $\frac{1}{27}$ となるので

$$5 \times \frac{1}{27} = \boxed{\frac{5}{27}} \cdots\cdots ②$$

(3) <u>文字の列の字数が3となる確率</u>

字数が3となるのは，たとえば

　　○○○ (AAA)，△○○ (BAA)，…

などがあるね。3回とも×がでなければOKだね。

1回目に×が出ない確率は $\frac{2}{3}$ となるので

○(1,2)または△(3,4)
が出るので $\frac{4}{6} = \frac{2}{3}$

$$\left(\frac{2}{3}\right)^3 = \boxed{\frac{8}{27}} \cdots\cdots ③$$

字数が2となる確率

字数が2となるのは，たとえば

　　×○○ (AA)，×△○ (BA)，…

などがあるね。1回目は×，2回目は○または△，3回目は○または△が出ればOKだね。

よって

$$\frac{1}{3} \cdot \left(\frac{2}{3}\right)^2 = \boxed{\frac{4}{27}} \cdots\cdots ④$$

> ×となる確率は $\frac{2}{6} = \frac{1}{3}$
> ○または△となる確率は $\frac{4}{6} = \frac{2}{3}$

それでは，解答をみてみよう！

解答

1, 2 が出るときを○, 3, 4 が出るときを△, 5, 6 が出るときを × とする。

(1) 文字列が AAA となるのは○○○のときであるので

$$2 \times 2 \times 2 = \boxed{8} \text{ 通り}$$

> ○となるのは1または2の2通り

文字列が AB となるのは×○△のときであるので

$$2 \times 2 \times 2 = \boxed{8} \text{ 通り}$$

> ×となるのは5または6の2通り
> ○となるのは1または2の2通り
> △となるのは3または4の2通り

(2) 文字列が A となるのは

××○, ○×○, △×○, ○△×, ○○×

の5通りであり, それぞれの確率は $\left(\dfrac{1}{3}\right)^3 = \dfrac{1}{27}$ となるので, 文字の列が A となる確率は

$$5 \times \dfrac{1}{27} = \boxed{\dfrac{5}{27}}$$

> ○となる確率は $\dfrac{2}{6} = \dfrac{1}{3}$
> △となる確率は $\dfrac{2}{6} = \dfrac{1}{3}$
> ×となる確率は $\dfrac{2}{6} = \dfrac{1}{3}$

何も書かれていない文字の列となるのは

×××, ○××, △××, ×○×, ×△×

の5通りであり, それぞれの確率は $\left(\dfrac{1}{3}\right)^3 = \dfrac{1}{27}$ となるので, 何も書かれていない文字の列となる確率は

$$5 \times \dfrac{1}{27} = \boxed{\dfrac{5}{27}}$$

(3) 文字列の字数が 3 となるのは 3 回とも × が出ないとき

よって文字列の字数が 3 となる確率は

$$\left(\frac{2}{3}\right)^3 = \boxed{\frac{8}{27}}$$

文字列の字数が 2 となるのは 1 回目は ×，2 回目は ○ または △，3 回目は ○ または △ となるとき

よって文字列の字数が 2 となる確率は

$$\frac{1}{3} \cdot \left(\frac{2}{3}\right)^2 = \boxed{\frac{4}{27}}$$

○○○ (AAA)，△○○ (BAA) など

○ (1, 2) または △ (3, 4) が出る確率は $\frac{4}{6} = \frac{2}{3}$

×○○ (AA)，×△○ (BA)，など

× となる確率は $\frac{2}{6} = \frac{1}{3}$

○ または △ となる確率は $\frac{4}{6} = \frac{2}{3}$

第3部 「整数の性質」

第3部「整数の性質」では「約数と倍数」「ユークリッドの互除法」を学習します。現行課程で新しく追加された分野なので，手薄な人が多くいるような気がします。受験では必要な分野なので，しっかり学習していきましょう。

ガイダンス

1 約数と倍数
2 ユークリッドの互除法

ガイダンス 1 約数と倍数

整数

1, 2, 3, … を**自然数**といい，−1, −2, −3, … を**負の整数**というよ。正の整数，負の整数および 0 を合わせて**整数**というよ。

約数と倍数

2 つの整数 a, b について，ある整数 k を用いて

$$a = bk$$

と表せるとき，b は a の**約数**であるといい，a は b の**倍数**であるというよ。

> **例**
> (1) 4 の約数は
>   −4, −2, −1, 1, 2, 4
> の 6 個あるよ。
> (2) 3 の倍数は
>   …, −6, −3, 3, 6, 9, …
> と無数にあるよ。

素因数分解

2 以上の自然数で，正の約数が 1 とその数自身のみである数を**素数**といい，素数でない正の整数を**合成数**というよ。ただし 1 は素数，合成数のいずれでもないとするよ。

正の整数 $\begin{cases} 1 \\ 素数 \quad (2, 3, 5, 7, 11, \cdots) \\ 合成数 \quad (4, 6, 8, 9, 10, \cdots) \end{cases}$

$10 = 2 \cdot 5$ のように，整数がいくつかの整数の積で表されるとき，それぞれの整数をもとの数の**因数**というよ。

また，素数である因数を**素因数**といい，自然数を素数だけの積の形に表すことを**素因数分解**するというよ。

例 252 を素因数分解すると
$$252 = 2^2 \cdot 3^2 \cdot 7$$
となるよ。

```
2 ) 252
2 ) 126
3 )  63
3 )  21
      7
```

約数の個数

252 すなわち $2^2 \cdot 3^2 \cdot 7$ の正の約数は $2^a \cdot 3^b \cdot 7^c$ と表され，a のとる値は
　　1, 2 と 0 の 2+1 個
b のとる値は
　　1, 2 と 0 の 2+1 個
c のとる値は
　　1 と 0 の 1+1 個
よって，$2^2 \cdot 3^2 \cdot 7$ の正の約数の個数は
　　$(2+1)(2+1)(1+1) = 18$ 個
となるよ。

一般に，自然数の正の約数の個数について，次のことが成り立つよ。

> 約数の個数
>
> 自然数 N を素因数分解した結果が $N = p^a q^b r^c \cdots$ であるとき，N の正の約数の個数は
>
> $$(a+1)(b+1)(c+1)\cdots 個$$
>
> となるよ。

例 196 を素因数分解すると
$$196 = 2^2 \cdot 7^2$$
となるので，正の約数は
$$(2+1)(2+1) = 9 \text{ 個}$$
となるよ。

```
2 ) 196
2)  98
7)  49
    7
```

最大公約数・最小公倍数

2つ以上の整数に共通な約数を，それらの整数の**公約数**といい，公約数のうち最大のものを**最大公約数**というよ。

また，2つ以上の整数に共通な倍数を，それらの整数の**公倍数**といい，公倍数のうち正で最小なものを**最小公倍数**というよ。

> **例** 18 と 252 の最大公約数,最小公倍数を求めてみよう。
> $$18 = 2 \cdot 3^2$$
> $$252 = 2^2 \cdot 3^2 \cdot 7$$
> より
> 最大公約数は $2 \cdot 3^2 = 18$
> 最小公倍数は $2^2 \cdot 3^2 \cdot 7 = 252$
> となるよ。

互いに素

2つの整数 a, b について共通な素因数がないとき,a, b の最大公約数は 1 である。このとき a, b は **互いに素** であるというよ。

> **例** $10 = 2 \cdot 5$,$9 = 3^2$ であるから,10 と 9 の最大公約数は 1 となるね。
> よって 10 と 9 は互いに素となるよ。

> 2つの自然数 a, b の最大公約数を g,最小公倍数を l とする。このとき
> $$a = a'g,\ b = b'g$$
> であるとすると,次のことが成り立つよ。
> ① a', b' は互いに素である
> ② $l = ga'b'$
> ③ $ab = gl$

最大公約数・最小公倍数の性質

割り算における商と余り

30 を 7 で割ると，商は 4 余りは 2 となるね。
この関係を式で書くと

$$30 = 7 \cdot 4 + 2$$

となるね。
一般に，次のことが成り立つよ。

> 整数 a と正の整数 b に対して
> $$a = bq + r,\ 0 \leqq r < b$$
> を満たす整数 q と r が 1 通りに定まる。
>
> ― 整数の割り算 ―

q を a を b で割ったときの**商**，r を**余り**というよ。$r = 0$ のとき，a は b で**割り切れる**といい，$r \neq 0$ のときは**割り切れない**というよ。

例
(1) $23 = 5 \cdot 4 + 3$ と表せるから，23 を 5 で割った商は 4，余りは 3 となるよ。
(2) $-28 = 5 \cdot (-6) + 2$ と表せるから，-28 を 5 で割った商は -6，余りは 2 となるよ。

余りによる整数の分類

すべての整数を，ある正の整数で割ったときの余りによって分類することを考えてみよう。たとえば，すべての整数を 2 で割ったときの余りを 0 と 1 で分類したものが偶数と奇数であるから

偶数 $2k$，奇数 $2k+1$ （k は整数）

と表されるね。

　また，整数を3で割ると余りは0か1か2であるから，すべての整数nは

　　$3k,\ 3k+1,\ 3k+2$　（kは整数）

のいずれかの形で表されるね。

　一般に，正の整数mが与えられると，すべての整数nは

　　$mk,\ mk+1,\ mk+2,\ \cdots,\ mk+(m-1)$　（kは整数）

のいずれかの形で表されるよ。

> **例** すべての整数を6で割った余りによって分類すると
> 　　$6k,\ 6k+1,\ 6k+2,\ 6k+3,\ 6k+4,\ 6k+5$　（kは整数）
> となるよ。

ガイダンス2 ユークリッドの互除法

素因数分解をせずに，比較的簡単に最大公約数を求める方法として，次の性質を用いる方法があるよ。

> 2つの自然数 a, b について，a を b で割ったときの商を q，余りを r とすると
> **a と b の最大公約数は，b と r の最大公約数に等しい。**

例 493 と 442 の最大公約数を求めてみよう。
$493 = 442 \cdot 1 + 51$ であるから
$\quad$（493 と 442 の最大公約数）＝（442 と 51 の最大公約数）
$442 = 51 \cdot 8 + 34$ であるから
$\quad$（442 と 51 の最大公約数）＝（51 と 34 の最大公約数）
$51 = 34 \cdot 1 + 17$ であるから
$\quad$（51 と 34 の最大公約数）＝（34 と 17 の最大公約数）
$34 = 17 \cdot 2$ であるから
$\quad$（34 と 17 の最大公約数）＝ 17
以上より，493 と 442 の最大公約数は 17 となるよ。

このような最大公約数の求め方を**ユークリッドの互除法**または単に**互除法**というよ。

第3部 「整数の性質」

第5講
約数と倍数

- **単元1** 最大公約数・最小公倍数
- **単元2** $\sqrt{n}$ が自然数となる
- **単元3** 正の約数の個数・総和
- **単元4** 末尾に並ぶ0の個数
- **単元5** 連続する整数の積
- **単元6** 有理数 $\dfrac{n}{m}$ が整数となる
- **単元7** 余りによる整数の分類
- **単元8** 互いに素であることの証明
- **単元9** 鳩の巣原理(部屋割り論法)

第5講のポイント

第5講「約数と倍数」では「最大公約数・最小公倍数」「正の約数の個数・総和」「連続する整数の積」「余りによる整数の分類」などを扱います。
後半の証明問題の難易度が多少高めですが,重要な問題なので,がんばって理解してください。

単元1 最大公約数・最小公倍数

今回のテーマは「最大公約数・最小公倍数」だよ。

具体例として 558 と 784 の最大公約数と最小公倍数を求めていくね。

588 を素因数分解すると
$$588 = 2^2 \times 3 \times 7^2$$
784 を素因数分解すると
$$784 = 2^4 \times 7^2$$
となるね。よって

最大公約数は
$$2^2 \times 3^0 \times 7^2 = 4 \times 1 \times 49 = \mathbf{196}$$

最小公倍数は
$$2^4 \times 3^1 \times 7^2 = 16 \times 3 \times 49 = \mathbf{2352}$$

となるよ。

```
2)588      2)784
2)294      2)392
3)147      2)196
7) 49      2) 98
   7       7) 49
              7
```

$588 = 2^{②} \times 3^{①} \times 7^{②}$
$784 = 2^4 \times 3^{⓪} \times 7^{②}$
それぞれの指数の小さい方

$588 = 2^2 \times 3^{①} \times 7^{②}$
$784 = 2^{④} \times 3^0 \times 7^{②}$
それぞれの指数の大きい方

それでは，問題をみてみよう。

例題

単元 ❶ 最大公約数・最小公倍数 151

第5講 約数と倍数

問 次の問に答えよ。
(1) 30 と 126 と 140 の最大公約数と最小公倍数を求めよ。
(2) 2つの自然数 a, b の最大公約数が 15，最小公倍数が 900 であるとき，a と b の組をすべて求めよ。
ただし $a < b$ とする。

荻島の解説

(1) 30 と 126 と 140 の最大公約数と最小公倍数を求めよう。

30 を素因数分解すると
$$30 = 2 \times 3 \times 5$$
126 を素因数分解すると
$$126 = 2 \times 3^2 \times 7$$
140 を素因数分解すると
$$140 = 2^2 \times 5 \times 7$$

となるので

最大公約数は
$$2^1 \times 3^0 \times 5^0 \times 7^0$$
$$= 2 \times 1 \times 1 \times 1 = 2$$

$30 = 2^① \times 3^1 \times 5^1 \times 7^⓪$
$126 = 2^① \times 3^2 \times 5^⓪ \times 7^1$
$140 = 2^2 \times 3^⓪ \times 5^1 \times 7^1$
それぞれの指数の小さい方

最小公倍数は
$$2^2 \times 3^2 \times 5^1 \times 7^1$$
$$= 4 \times 9 \times 5 \times 7 = 1260 \quad \cdots \text{答}$$

$30 = 2^1 \times 3^1 \times 5^① \times 7^0$
$126 = 2^1 \times 3^② \times 5^0 \times 7^①$
$140 = 2^② \times 3^0 \times 5^① \times 7^①$
それぞれの指数の大きい方

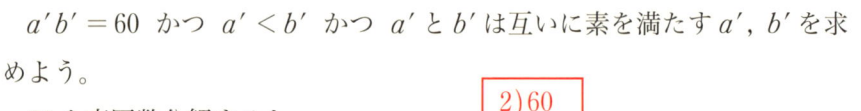

(2) 2つの自然数 a, b の最大公約数が 15 のとき
$$a = 15a'$$
$$b = 15b' \quad (a' と b' は互いに素)$$

<u>最大公約数が 1</u>

とおけるね。

また最小公倍数が 900 となるので
$$15a'b' = 900$$
となるね。さらに
$$15a'b' = 900$$
$$a'b' = 60 \quad \leftarrow 15 で割った$$
となるね。ただし
$$a < b$$
から
$$15a' < 15b'$$
$$a' < b'$$
となるね。

$a'b' = 60$ かつ $a' < b'$ かつ a' と b' は互いに素を満たす a', b' を求めよう。

60 を素因数分解すると
$$60 = 2^2 \times 3 \times 5$$
となるので
$$(a', b') = (2^2, 3 \times 5), (3, 2^2 \times 5)$$
などがあるね。ただし、a' と b' が互いに素であるから
$$(a', b') = (2 \times 3, 2 \times 5)$$

最大公約数が 2 となる

などはダメだよ。

このとこに注意して
$$(a', b') = (1, 2^2 \times 3 \times 5), (3, 2^2 \times 5), (2^2, 3 \times 5), (5, 2^2 \times 3)$$

つまり
$$(a', b') = (1, 60), (3, 20), (4, 15), (5, 12)$$
となるね。
$$a = 15a', \quad b = 15b'$$
であるので
$$(a, b) = (15, 900), (45, 300), (60, 225), (75, 180) \quad \text{答}$$

それでは解答をみてみよう。

解答 A

(1)　$30 = 2 \times 3 \times 5$
$126 = 2 \times 3^2 \times 7$
$140 = 2^2 \times 5 \times 7$

となるので

最大公約数は
$2^1 \times 3^0 \times 5^0 \times 7^0 = 2$ …… 答　（それぞれの指数の小さい方）

最小公倍数は
$2^2 \times 3^2 \times 5^1 \times 7^1 = 1260$ …… 答　（それぞれの指数の大きい方）

(2)　a と b の最大公約数が 15 より
$$a = 15a', \quad b = 15b' \quad (a' と b' は互いに素)$$
とおける。最小公倍数が 900 より
$$15a'b' = 900$$
$$a'b' = 60$$
また $a < b$ より $a' < b'$ となるので
$$(a', b') = (1, 60), (3, 20), (4, 15), (5, 12)$$
よって
$$(a, b) = (15, 900), (45, 300), (60, 225), (75, 180) \quad \text{答}$$

最大公約数・最小公倍数 **まとめ**

① $x = 2^a \times 3^b \times 5^c \times \cdots$

$y = 2^{a'} \times 3^{b'} \times 5^{c'} \times \cdots$

と素因数分解されるとき

　　最大公約数はそれぞれの指数の小さい方

　　最小公倍数はそれぞれの指数の大きい方

を考えるよ。

② x と y の最大公約数を g とすると

$x = x'g$

$y = y'g$ （x' と y' は互いに素）

　　　　　　　　最大公約数が 1

$$\begin{array}{r|rr} g & x & y \\ \hline & x' & y' \end{array}$$

とおけるよ。

単元 2 $\sqrt{n}$ が自然数となる

今回のテーマは " $\sqrt{n}$ が自然数となる " だよ。

$\sqrt{36} = \sqrt{6^2} = 6$

$\sqrt{121} = \sqrt{11^2} = 11$

など**ルートの中身が平方数**となればルートが解消され，自然数となるね。
それでは，問題をみてみよう。

例題 Q

問 次の問に答えよ。
(1) $\sqrt{672n}$ が自然数になるような最小の自然数 n を求めよ。
(2) $\sqrt{\dfrac{672}{m}}$ が最大の自然数となるような自然数 m を求めよ。

荻島の解説

(1) $\sqrt{672n}$ が自然数になるような最小の自然数 n を求めよう。
まず 672 を素因数分解しよう。

$672 = 2^5 \times 3 \times 7$

となるので

$672n = 2^5 \times 3 \times 7 \times n$

となるね。これが平方数となればいいんだよ。
2, 3, 7 の指数がすべて偶数となれば良いので，

```
2) 672
2) 336
2) 168
2)  84
2)  42
3)  21
    7
```

$n = 2 \times 3 \times 7$

となればいいよね。

このとき

$$2^5 \times 3 \times 7 \times n = 2^5 \times 3 \times 7 \times 2 \times 3 \times 7$$
$$= 2^6 \times 3^2 \times 7^2$$
$$= (2^3 \times 3 \times 7)^2$$
$$= (168)^2$$

$(ab)^2 = a^2 b^2$

となり

$$\sqrt{672n} = \sqrt{(168)^2} = 168$$

となるね。

よって

$n = 2 \times 3 \times 7 = 42$ ……… **答**

(2) $\sqrt{\dfrac{672}{m}}$ が最大の自然数となるような自然数 m を求めよう。

$672 = 2^5 \times 3 \times 7$

より

$$\dfrac{672}{m} = \dfrac{2^5 \times 3 \times 7}{m}$$

となるね。

2, 3, 7 の指数がすべて偶数となれば良いので

$m = 2 \times 3 \times 7$

となればいいよね。

単元 ❷ $\sqrt{n}$ が自然数となる

このとき

$$\frac{2^5 \times 3 \times 7}{m} = \frac{2^5 \times 3 \times 7}{2 \times 3 \times 7}$$

$$= 2^4 \times 3^0 \times 7^0$$

$$= (2^2)^2$$

$$= 4^2$$

となり

$$\sqrt{\frac{672}{m}} = \sqrt{4^2} = 4$$

となるね。

よって

$$m = 2 \times 3 \times 7 = 42 \cdots\cdots 答$$

それでは、解答をみてみよう。

解 答 ──────── Ⓐ

(1) $672 = 2^5 \times 3 \times 7$

より

$$n = 2 \times 3 \times 7 = 42 \cdots\cdots 答$$

(2) $672 = 2^5 \times 3 \times 7$

より

$$m = 2 \times 3 \times 7 = 42 \cdots\cdots 答$$

まとめ

$\sqrt{n}$ が自然数となる

$\sqrt{n}$ が自然数となるためには n が平方数になればいいよ。このとき n を素因数分解して考えると分かりやすいよ。

単元3 正の約数の個数・総和

今回のテーマは

「正の約数の個数・総和」

だよ。

例えば20の正の約数は

1, 2, 4, 5, 10, 20

となるので，正の約数の個数は6個，正の約数の総和は

1+2+4+5+10+20＝42

となるね。

このように20ぐらいの小さな数なら，実際に書き出してもたいしたことはないけれど，1800など大きな数になると大変だよね。

正の約数の個数と総和を実際に書き出さないで，計算によって求める手法を教えていくね。

それでは，問題をみてみよう。

例題 Q

問 次の問に答えよ。
(1) 1800の正の約数の個数を求めよ。
(2) 1800の正の約数の総和を求めよ。

荻島の解説

(1) 1800 の正の約数の個数を求めよう。

まず 1800 を素因数分解すると

$$1800 = 2^3 \times 3^2 \times 5^2$$

となるね。

```
2) 1800
2)  900
2)  450
3)  225
3)   75
5)   25
     5
```

この素因数分解の形から

2^2, 3^2, 5, $2^2 \times 3$, $2^2 \times 3 \times 5^2$, …
　4　　9　　5　　12　　　　　300

などが 1800 の正の約数になることが分かるね。

$2^2 = 2^2 \times 3^0 \times 5^0$
$3^2 = 2^0 \times 3^2 \times 5^0$
$5 = 2^0 \times 3^0 \times 5^1$
$2^2 \times 3 = 2^2 \times 3^1 \times 5^0$
$2^2 \times 3 \times 5^2 = 2^2 \times 3^1 \times 5^2$

つまり

$$2^a \times 3^b \times 5^c$$

の形で

　$a = 0$, 1, 2, 3
　$b = 0$, 1, 2
　$c = 0$, 1, 2

となるものが 1800 の正の約数となるね。

　a が 0, 1, 2, 3 の 4 通り
　b が 0, 1, 2 の 3 通り
　c が 0, 1, 2 の 3 通り

となるので

$$2^a \times 3^b \times 5^c \begin{pmatrix} a = 0, 1, 2, 3 \\ b = 0, 1, 2 \\ c = 0, 1, 2 \end{pmatrix}$$

となるものは

　　$4 \times 3 \times 3 = 36$ 通り

あるね。よって，1800 の正の約数は **36 個**。……**答**

(2) 1800 の正の約数の総和を求めよう。

1800 の正の約数は

$$2^a \times 3^b \times 5^c \quad \begin{pmatrix} a = 0,\ 1,\ 2,\ 3 \\ b = 0,\ 1,\ 2 \\ c = 0,\ 1,\ 2 \end{pmatrix}$$

となるので

$$(2^0 + 2^1 + 2^2 + 2^3)(3^0 + 3^1 + 3^2)(5^0 + 5^1 + 5^2)$$

を展開すると 1800 の正の約数の総和となるよ。

$\left(\begin{array}{l}\text{実際に展開すると}\\(2^0+2^1+2^2+2^3)(3^0+3^1+3^2)(5^0+5^1+5^2)\\=2^0\times3^0\times5^0+2^0\times3^0\times5^1+2^0\times3^0\times5^2\\\quad+2^0\times3^1\times5^0+2^0\times3^1\times5^1+2^0\times3^1\times5^2\\\quad+2^0\times3^2\times5^0+2^0\times3^2\times5^1+2^0\times3^2\times5^2\\\quad+2^1\times3^0\times5^0+2^1\times3^0\times5^1+2^1\times3^0\times5^2\\\quad+2^1\times3^1\times5^0+2^1\times3^1\times5^1+2^1\times3^1\times5^2\\\quad+2^1\times3^2\times5^0+2^1\times3^2\times5^1+2^1\times3^2\times5^2\\\quad+2^2\times3^0\times5^0+2^2\times3^0\times5^1+2^2\times3^0\times5^2\\\quad+2^2\times3^1\times5^0+2^2\times3^1\times5^1+2^2\times3^1\times5^2\\\quad+2^2\times3^2\times5^0+2^2\times3^2\times5^1+2^2\times3^2\times5^2\\\quad+2^3\times3^0\times5^0+2^3\times3^0\times5^1+2^3\times3^0\times5^2\\\quad+2^3\times3^1\times5^0+2^3\times3^1\times5^1+2^3\times3^1\times5^2\\\quad+2^3\times3^2\times5^0+2^3\times3^2\times5^1+2^3\times3^2\times5^2\end{array}\right.$

よって 1800 の正の約数の総和は

$(1 + 2 + 4 + 8)(1 + 3 + 9)(1 + 5 + 25)$
$= \quad 15 \quad \times \quad 13 \quad \times \quad 31 \quad = \mathbf{6045}$ ……… 答

それでは，解答をみてみよう。

解答 A

(1) $1800 = 2^3 \times 3^2 \times 5^2$

となるので

$\underline{4} \times \underline{3} \times \underline{3} = 36$個 ……… 答

(0〜3の 4通り) (0〜2の 3通り) (0〜2の 3通り)

(2) $1800 = 2^3 \times 3^2 \times 5^2$

となるので

$(1+2+2^2+2^3)(1+3+3^2)(1+5+5^2)$
$= \quad 15 \quad \times \quad 13 \quad \times \quad 31 \quad = 6045$ ……… 答

正の約数の個数・総和 まとめ

$x = 2^a \times 3^b \times 5^c \times \cdots$ と素因数分解されるとき

x の正の約数の個数は

$(a+1)(b+1)(c+1)\cdots$ 個

x の正の約数の総和は

$(1+2+\cdots+2^a)(1+3+\cdots+3^b)(1+5+\cdots+5^c)\cdots$

となるよ。

単元 4 末尾に並ぶ0の個数

今日はまず

「100! を計算した結果は，2で何回割り切れるか」

という問題を考えていこう。

いきなり 100! では難しいので，まず 10! で考えてみよう。

$$10! = 10 \times 9 \times 8 \times 7 \times 6 \times 5 \times 4 \times 3 \times 2 \times 1$$

となるね。この値が2で何回割り切れるかを考えるんだ。

この問題では，まず1～10までの2の倍数，4の倍数，8の倍数に注目するよ。

2の倍数は

2, 4, 6, 8, 10 の5個

これらは2で割り切れるね。

4の倍数は

4, 8 の2個

これらは $4(=2^2)$ で割り切れるね。

8の倍数は

8 の1個

これは $8(=2^3)$ で割り切れるね。

よって

$$10! = 10 \times 9 \times 8 \times 7 \times 6 \times 5 \times 4 \times 3 \times 2 \times 1$$

は2で

$5+2+1=8$ 回

割り切れるね。

それでは，問題をみてみよう。

> 2 は2で1回割り切れる。
> 4 は2で2回割り切れる。
> 8 は2で3回割り切れる。

> 2で割り切れる回数を○で表すと
>
> | 2 | 4 | 6 | 8 | 10 |
> |---|---|---|---|---|
> | ○ | ○ | ○ | ○ | ○ |
> | | ○ | | ○ | |
> | | | | ○ | |
>
> となり，○が
> $5+2+1=8$ 個
> あるね。

例題

問 次の問に答えよ。
(1) 100! を計算した結果は，2 で何回割り切れるか。
(2) 100! を計算すると，末尾には 0 が連続して何個並ぶか。

荻島の解説

(1) 100! が 2 で何回割り切れるかを求めよう。

1～100 までの 2 の倍数，4 の倍数，8 の倍数，16 の倍数，32 の倍数，64 の倍数の個数に注目するよ。

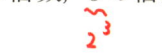

> 2 は 2 で 1 回割り切れる。
> 4 は 2 で 2 回割り切れる。
> 8 は 2 で 3 回割り切れる。
> 16 は 2 で 4 回割り切れる。
> 32 は 2 で 5 回割り切れる。
> 64 は 2 で 6 回割り切れる。

$100 \div 2 = 50$ より 2 の倍数は 50 個

$100 \div 4 = 25$ より 4 の倍数は 25 個

$100 \div 8 = 12 \cdots 4$ より 8 の倍数は 12 個

$100 \div 16 = 6 \cdots 4$ より 16 の倍数は 6 個

$100 \div 32 = 3 \cdots 4$ より 32 の倍数は 3 個

$100 \div 64 = 1 \cdots 36$ より 64 の倍数は 1 個

よって 100! は 2 で

$50 + 25 + 12 + 6 + 3 + 1 =$ **97 回** ……… 答

割り切れるよ。

(2) 100! は末尾に 0 が連続して何個並ぶか求めよう。

例えば 30000 は末尾に 0 が 4 個連続して並ぶね。30000 を

$$30000 = 3 \times 10^4 = 3 \times (2 \times 5)^4 = 3 \times 2^4 \times 5^4 = 2^4 \times 3 \times 5^4$$

と素因数分解してみると状況が分かるでしょう。

$10 = 2 \times 5$

だから，**素因数分解したとき 2 と 5 が 1 組あれば，末尾に 0 が 1 つ現れる**よ。

例えば $2^3 \times 3^3 \times 5^2$ の場合は，末尾に 0 がいくつ現れるか分かる？

$$2^3 \times 3^3 \times 5^2 = 2 \times 2^2 \times 3^3 \times 5^2$$
$$= 2 \times 3^3 \times (2 \times 5)^2$$
$$= 2 \times 3^3 \times 10^2$$

となり 0 が 2 つ現れるね。

$2^3 \times 3^3 \times 5^2$ は 2 の指数が 3，5 の指数は 2 だから 2 と 5 は 2 組できるね。

2 の指数と 5 の指数の小さい方の数

100! に話を戻すと，**100! を素因数分解したときの 2 の指数と 5 の指数に注目し，それらの数のうち小さい方を求めれば良い**ことになるよ。

(1) より 100! は 2 で 97 回割れると分かったので 100! を素因数分解したときの 2 の指数は 97 となるね。100! を素因数分解したときの 5 の指数を求めよう。

1～100 までの 5 の倍数，25 の倍数に注目するよ。

5^2

> 5 は 5 で 1 回割り切れる。
> 25 は 5 で 2 回割り切れる。

$100 \div 5 = 20$ より 5 の倍数は 20 個
$100 \div 25 = 4$ より 25 の倍数は 4 個

よって 100! を素因数分解したとき，5 の指数は

$20 + 4 = 24$

このとき

$100! = 2^{97} \times 5^{24} \times \cdots$

となるので 100! の末尾には 0 が **24 個**並ぶよ。…**答**

それでは，解答をみてみよう。

解答 A

(1) 1〜100 までの数で

$100 \div 2 = 50$ より 2 の倍数は 50 個

$100 \div 4 = 25$ より 4 の倍数は 25 個

$100 \div 8 = 12 \cdots 4$ より 8 の倍数は 12 個

$100 \div 16 = 6 \cdots 4$ より 16 の倍数は 6 個

$100 \div 32 = 3 \cdots 4$ より 32 の倍数は 3 個

$100 \div 64 = 1 \cdots 36$ より 64 の倍数は 1 個

よって 100! が 2 で割り切れる回数は

$50 + 25 + 12 + 6 + 3 + 1 =$ **97 回** ……答

(2) 1〜100 までの数で

$100 \div 5 = 20$ より 5 の倍数は 20 個

$100 \div 25 = 4$ より 25 の倍数は 4 個

よって 100! を素因数分解したとき，5 の指数は

$20 + 4 = 24$

このとき

$100! = 2^{97} \times 5^{24} \times \cdots$

となるので 100! の末尾には 0 が連続して **24 個** 並ぶ。……答

末尾に並ぶ 0 の個数　まとめ

$10 = 2 \times 5$ となるので，末尾に並ぶ 0 の個数を求めるには，素因数分解したときの 2 の指数と 5 の指数に着目するよ。

単元 5 連続する整数の積

今日のテーマは連続する整数の積だよ。

n を整数とするとき

$$n(n+1)$$

が偶数になるのは分かるかな？

例えば $n=3$ のとき

$$n(n+1) = 3 \cdot 4 = 12$$

$n=6$ のとき

$$n(n+1) = 6 \cdot 7 = 42$$

となり，いずれも偶数となるね。

> ・n が偶数ならば $n+1$ が奇数
> ・n が奇数ならば $n+1$ が偶数

n と $n+1$ は連続する 2 整数だから一方が偶数，他方が奇数となり

$$(偶数) \times (奇数) = 偶数$$

だから **$n(n+1)$ は偶数** となるね。

次は

$$n(n+1)(n+2)$$

はどうかな？ n, $n+1$, $n+2$ は連続する 3 整数となるね。

例えば $n=1$ のとき

$$n(n+1)(n+2) = 1 \cdot 2 \cdot 3 = 6$$

$n=2$ のとき

$$n(n+1)(n+2) = 2 \cdot 3 \cdot 4 = 24$$

$n=3$ のとき

$$n(n+1)(n+2) = 3 \cdot 4 \cdot 5 = 60$$

となりすべて 6 の倍数となるね。

単元 ❺ 連続する整数の積　167

　n と $n+1$ と $n+2$ は<u>連続する3整数だから，n, $n+1$, $n+2$ のいずれかが3の倍数となる</u>ね。そして，n, $n+1$, $n+2$ の少なくとも1つは偶数となるので **$n(n+1)(n+2)$ は6の倍数** となるね。

> ・$n=3k$ のとき
> 　n が3の倍数
> ・$n=3k+1$ のとき
> 　$n+2=3k+3$ が3の倍数
> ・$n=3k+2$ のとき
> 　$n+1=3k+3$ が3の倍数

（2の倍数かつ3の倍数）

　ちなみに連続する3整数の積が6の倍数となることを示すのに ${}_nC_3$ を利用する手法もあるよ。

　紹介するね。

$$ {}_nC_3 = \frac{n(n-1)(n-2)}{3!} = \frac{n(n-1)(n-2)}{6} $$

> ${}_nC_3$ は異なる n 個のものから3個選ぶ場合の数のこと

となり <u>${}_nC_3$ は整数</u>だから $\dfrac{n(n-1)(n-2)}{6}$ も整数となるね。

　$\dfrac{n(n-1)(n-2)}{6}$ が整数となるとき $n(n-1)(n-2)$ は6の倍数となるね。

　このことから

> n, $n-1$, $n-2$ は連続する3整数となるよ。

　　連続する3整数の積は6の倍数

であることが分かるね。

　これを応用すると

$$ {}_nC_4 = \frac{n(n-1)(n-2)(n-3)}{4!} = \frac{n(n-1)(n-2)(n-3)}{24} $$

から

　　連続する4整数の積は24の倍数

また

$$ {}_nC_r = \frac{n(n-1)(n-2)\cdots(n-(r-1))}{r!} $$

から

　　連続する r 整数の積は $r!$ の倍数

となることが分かるよ。

実際に入試には，連続する 3 整数ぐらいまでしか出て来ないけどね。

それでは，問題をみてみよう。

例題 Q

問 n が整数のとき，$n(n+1)(2n+1)$ は 6 の倍数であることを証明せよ。

荻島の解説

$n(n+1)(2n+1)$ が 6 の倍数であることを示そう。

$n(n+1)$ は連続する 2 整数の積だから，2 の倍数といえるね。

でも $n(n+1)(2n+1)$ は連続する 3 整数の積ではないので，6 の倍数になるとはいえないね。

実は $n(n+1)(2n+1)$ から，うまく連続する 3 整数の積を作ることができるよ。

$n(n+1)$ が連続する 2 整数の積になっていることに注目してね。
$$2n+1 = (n-1)+(n+2)$$
となるので
$$n(n+1)(2n+1) = n(n+1)((n-1)+(n+2))$$
$$= (n-1)n(n+1)+n(n+1)(n+2)$$
となるね。ここで $(n-1)n(n+1)$，$n(n+1)(n+2)$ はともに連続する 3 整数の積だから 6 の倍数となるので $n(n+1)(2n+1)$ は 6 の倍数となるね。

この問題を予備校の授業で解説すると，授業後に生徒が私の所に来て「先生，私は予習でこの問題は全く手が付かず，何をやっていいか分かりませんでした。どうしたらあのような解法が思いつくようになります

か？」と質問に来ることが多いのです。

その質問に対して私は「予習の段階で解けなかった問題を授業中理解し，復習によって自分の手を動かして解けるようになればいいんだよ。」と答えます。

自分が解けなかった問題を解けるようにすることが自分自身が成長することだから。

君たちも今後，一度で理解できなかった問題は何度も解き直して，徐々に独力で解けるようにしてね！

それでは，解答をみてみよう。

解答 A

$$n(n+1)(2n+1) = (n-1)n(n+1) + n(n+1)(n+2)$$

（$(2n+1) = (n-1) + (n+2)$）

となり，$(n-1)n(n+1)$, $n(n+1)(n+2)$ はともに連続する3整数の積であるから6の倍数となるので，$n(n+1)(2n+1)$ は6の倍数となる。q.e.d

連続する整数の積 まとめ

- 連続する2整数の積は偶数となるよ。
- 連続する3整数の積は6の倍数となるよ。
- 連続するr整数の積は$r!$の倍数となるよ。

単元6 有理数 $\dfrac{n}{m}$ が整数となる

今日は有理数 $\dfrac{n}{m}$（m, n は整数）が整数となる条件を考えるよ。

例えば

$$\dfrac{10}{2} = 5$$

$$\dfrac{70}{10} = 7$$

などのように約分した結果整数になるんだ。

約分して整数となるためには**分母が分子の約数**となればOKだね。

それでは問題をみてみよう。

例題 Q

問 $\dfrac{n^3 - n^2 + n + 2}{n - 1}$ が整数となるような整数 n をすべて求めよ。

荻島の解説

$\dfrac{n^3 - n^2 + n + 2}{n - 1}$ が整数となる n を求めよう。

$\dfrac{n^3 - n^2 + n + 2}{n - 1}$ が整数になるためには分母の $n-1$ が分子の $n^3 - n^2 + n$

+2 の約数となれば OK だね。

しかし $\dfrac{n^3-n^2+n+2}{n-1}$ のままでは難しいので，もう少し式変形を考えよう。

分母の $n-1$ は 1 次式であり，分子の n^3-n^2+n+2 は 3 次式となり

　　分母の次数 ≦ 分子の次数

となっているので，割り算によって分子の次数を下げることができるよ。

$$\begin{array}{r} n^2+1 \\ n-1\;\overline{)\,n^3-n^2+n+2\,} \\ \underline{n^3-n^2} \\ n+2 \\ \underline{n-1} \\ \boxed{3} \end{array}$$

$n^3-n^2+n+2=(n-1)(n^2+1)+3$
より
$\dfrac{n^3-n^2+n+2}{n-1}=\dfrac{\cancel{(n-1)}(n^2+1)}{\cancel{n-1}}+\dfrac{3}{n-1}$
　　　　　　　　　$=n^2+1+\dfrac{3}{n-1}$

より

$$\dfrac{n^3-n^2+n+2}{n-1}=n^2+1+\dfrac{\boxed{3}}{n-1}$$

と式変形できるね。

ここで n^2+1 は整数となるので $\dfrac{3}{n-1}$ が整数となれば OK だね。

$\dfrac{3}{n-1}$ が整数となるためには分母の $n-1$ が分子の 3 の約数となればいいね。

　　$n-1=-3,\ -1,\ 1,\ 3$

より

　　$\boldsymbol{n=-2,\ 0,\ 2,\ 4}$ …………… 答

それでは，解答をみてみよう。

解 答 A

$$\frac{n^3-n^2+n+2}{n-1}=n^2+1+\frac{3}{n-1}$$

となるので $\dfrac{3}{n-1}$ が整数となれば良い。

このとき

$n-1=\pm1,\ \pm3$

$n=-2,\ 0,\ 2,\ 4$ …… 答

$$\begin{array}{r}n^2+1\\n-1\overline{)n^3-n^2+n+2}\\\underline{n^3-n^2}\\n+2\\\underline{n-1}\\3\end{array}$$

まとめ 有理数 $\dfrac{n}{m}$ が整数となる

有理数 $\dfrac{n}{m}$（m, n は整数）が整数となる条件は

　　m が n の約数

となることだよ。（n が m の倍数としてもいいよ。）

単元 7 余りによる整数の分類

今回のテーマは**余りによる整数の分類**だよ。

例えば整数 n を 4 で割った余りは 0，1，2，3 となるね。

4 で割ったときの余りが 0 となるものは，k を整数として

$n = 4k$ ← $8 = 4 \times 2$ など

4 で割ったときの余りが 1 となるものは，k を整数として

$n = 4k+1$ ← $9 = 4 \times 2 + 1$ など

4 で割ったときの余りが 2 となるものは，k を整数として

$n = 4k+2$ ← $10 = 4 \times 2 + 2$ など

4 で割ったときの余りが 3 となるものは，k を整数として

$n = 4k+3$ ← $11 = 4 \times 2 + 3$ など

とおけるね。

こうやって整数 n を 4 種類で分類できるよ。

それでは，問題をみてみよう。

例題

問 次の問に答えよ。
(1) 整数 n について，n^2 を 4 で割った余りは，0 または 1 であることを証明せよ。
(2) 整数 n について，n^2 を 3 で割った余りは，0 または 1 であることを証明せよ。

荻島の解説

(1) n^2 を 4 で割った余りは，0 または 1 であることを示そう。

$n=4k$, $n=4k+1$, $n=4k+2$, $n=4k+3$ と場合分けをしていこう。k を整数とする。

$n=4k$ のとき

$$n^2 = (4k)^2 = 16k^2 = 4 \cdot 4k^2$$

となるので n^2 を 4 で割った余りは 0 となるね。

$n=4k+1$ のとき

$$n^2 = (4k+1)^2 = 16k^2 + 8k + 1 = 4(4k^2+2k)+1$$

となるので n^2 を 4 で割った余りは 1 となるね。

$n=4k+2$ のとき

$$n^2 = (4k+2)^2 = 16k^2 + 16k + 4 = 4(4k^2+4k+1)$$

となるので n^2 を 4 で割った余りは 0 となるね。

$n=4k+3$ のとき

$$n^2 = (4k+3)^2 = 16k^2 + 24k + 9 = 4(4k^2+6k+2)+1$$

となるので n^2 を 4 で割った余りは 1 となるね。

以上より n^2 を 4 で割った余りは 0 または 1 となるね。

単元 ❼ 余りによる整数の分類

(2) n^2 を3で割った余りは0または1であることを証明しよう。

n を3で割った余りは0, 1, 2の3種類となるね。

今回は $n=3k$, $n=3k+1$, $n=3k+2$ と3種類に分類するんだよ。

k を整数とする。

$n=3k$ のとき

$$n^2 = (3k)^2 = 9k^2 = 3\cdot 3k^2$$

となるので n^2 を3で割った余りは0となるね。

$n=3k+1$ のとき

$$n^2 = (3k+1)^2 = 9k^2+6k+1 = 3(3k^2+2k)+1$$

となるので n^2 を3で割った余りは1となるね。

$n=3k+2$ のとき

$$n^2 = (3k+2)^2 = 9k^2+12k+4 = 3(3k^2+4k+1)+1$$

となるので n^2 を3で割った余りは1となるね。

以上より n^2 を3で割った余りは0または1となるね。

それでは，解答をみてみよう。

解答 A

以下 k を整数とする。

(1) **$n=4k$ のとき**

$$n^2 = 16k^2 = 4\cdot 4k^2$$ ← 余りが0

$n=4k+1$ のとき

$$n^2 = 16k^2+8k+1 = 4(4k^2+2k)+1$$ ← 余りが1

$n=4k+2$ のとき

$$n^2 = 16k^2+16k+4 = 4(4k^2+4k+1)$$ ← 余りが0

$n=4k+3$ のとき
$$n^2 = 16k^2+24k+9 = 4(4k^2+6k+2)+1$$
（余りが 1）

となるので n^2 を 4 で割った余りは 0 または 1 である。q.e.d

(2) $n=3k$ のとき
$$n^2 = 9k^2 = 3\cdot 3k^2$$
（余りが 0）

$n=3k+1$ のとき
$$n^2 = 9k^2+6k+1 = 3(3k^2+2k)+1$$
（余りが 1）

$n=3k+2$ のとき
$$n^2 = 9k^2+12k+4 = 3(3k^2+4k+1)+1$$
（余りが 1）

となるので n^2 を 3 で割った余りは 0 または 1 である。q.e.d

余りによる整数の分類　まとめ

整数 n を m で割った余りは

$$0,\ 1,\ 2,\ \cdots,\ m-1$$

となるので，k を整数として

$n=mk$
$n=mk+1$
$n=mk+2$
$\vdots$
$n=mk+m-1$

と m 種類に分類できるよ。

単元 8 互いに素であることの証明

今回の問題は

> 自然数 m と n が互いに素であるとき，m と $m+n$ も互いに素であることを証明せよ。

だよ。m と n が互いに素であるとは，m と n の最大公約数が 1 であることだよ。

例えば，5 と 7 は互いに素だね。ともに素数であれば必ず互いに素となるよ。でも 6 と 25 のように素数ではなくても互いに素となる場合もあるよ。

また，10 と 15 は最大公約数が 5 となるので互いに素ではないよね。

今回の問題では，m と n が互いに素であるので，m と n の最大公約数が 1 となるね。これが仮定で，証明したいことは m と $m+n$ が互いに素であるから，m と $m+n$ の最大公約数が 1 となれば OK だね。

それでは，問題をみてみよう。

例題 Q

問 自然数 m と n が互いに素であるとき，m と $m+n$ も互いに素であることを証明せよ。

荻島の解説

例えば $m=6$, $n=25$ のとき

$m+n=6+25=31$

となり，確かに $m(=6)$ と $m+n(=31)$ は最大公約数が 1 となり，互いに素となるね。

それでは，証明しよう。

まず m と $m+n$ の**最大公約数を g** としよう。

このとき m と $m+n$ は g の倍数となるので

$m=ag$ ……… ①

$m+n=bg$ ……… ②　（a と b は互いに素な自然数）

$$g\overline{)m\quad m+n}$$
$$a\quad\ \ b$$

とおけるね。$g=1$ を示せば OK だよ。

$g=1$ を示す為に m と n が互いに素である条件を使うんだよ。

②式より

$n=bg-m$

①式を代入する

$n=bg-ag=(b-a)g$

となり n は g の倍数となるね。また m は g の倍数であるので g は m と n の公約数となるね。　　　　$m=ag$ より

ところで m と n は互いに素であったので $g=1$ となるよ。

このとき m と $m+n$ は互いに素となり題意が示されたよ。

ポイントは m と $m+n$ の最大公約数を g と取り敢えずおいて，m と n が互いに素であることを用いて $g=1$ と示すことだよ。

それでは，解答をみてみよう。

単元 ⑧ 互いに素であることの証明

解答　A

m と $m+n$ の最大公約数を g とする。

このとき

$m = ag$ ……… ①

$m+n = bg$ ……… ②　（a と b は互いに素な自然数）

とおける。これら2式より

$n = bg - m = (b-a)g$

となるので，g は m と n の公約数となり，m と n は互いに素であるので $g=1$ となる。

よって m と $m+n$ は互いに素である。 q.e.d

互いに素であることの証明　まとめ

m と n が互いに素であることは，m と n の最大公約数が 1 となることだよ。
また，2数が互いに素であることを示すときに最大公約数を g とおいて，条件から $g=1$ を示す方法があるよ。

単元9 鳩の巣原理（部屋割り論法）

今日のテーマは鳩の巣原理だよ。
鳩の巣原理を説明するね。

"10羽の鳩が9個の鳩の巣のいずれかに入ったとき，少なくとも1つの鳩の巣が存在して，そこには2羽以上の鳩が同居している。"

鳩が10羽で鳩の巣が10個ならば，1羽ずつ鳩を鳩の巣に入れることは可能だけれど，鳩が10羽で鳩の巣が9個のときは，1羽ずつ入れるのは無理だよね。だから2羽以上の鳩が同居している巣が少なくとも1つ存在するんだよ。

それでは，問題をみてみよう。

例題 Q

問 1から10までの数字が書かれた10枚のカードがある。この中から4枚のカードを同時に取り出すとき，カードに書かれた数字の差が3の倍数となるカードが少なくとも1組あることを証明せよ。

荻島の解説

例えば取り出した4枚が

　　　5　6　7　8

のときは

　　　$8-5=3$

となり5 8の1組あるね。

取り出した4枚が

　　　2　4　5　10

のとき

　　　$5-2=3$, $10-4=6$

となり2 5と4 10の2組あるね。

鳩の巣原理を使って証明しよう。

まず3で**割った余り**に着目しよう。

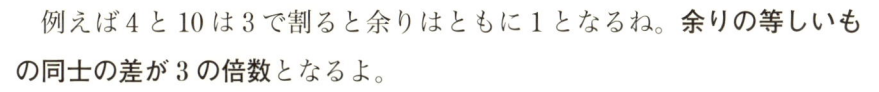

例えば4と10は3で割ると余りはともに1となるね。**余りの等しいもの同士の差が3の倍数**となるよ。

1〜10までの数を3で割った余りは0, 1, 2の3種類となるね。このとき, 取り出した4枚の数を3で割ったとき, 余りが等しい2つの整数が少なくとも1つ存在するね。

　余りが4つあり, 余りは3種類 なので同じものがある。
　　鳩　　　　　　鳩の巣

これらをa, bとし余りをr ($r=0, 1, 2$) とすると

　　$a=3k+r$
　　$b=3l+r$ (k, lは整数)

と表せるね。これらの差をとると

　　$a-b=3k+r-(3l+r)$
　　　　$=3k-3l$
　　　　$=3(k-l)$

> 4と10のときは
> $4=3\cdot1+1$
> $10=3\cdot3+1$

となり3の倍数となるので，題意が示されたね。

それでは，解答をみてみよう。

解答　A

　1〜10までの数を3で割った余りは0, 1, 2のいずれかであり，異なる4個の整数の中には，3で割った余りが等しい2つの整数 a, b が少なくとも1組存在する。等しい余りを r ($r=0, 1, 2$) とすると
$$a=3k+r,\ b=3l+r\quad (k,\ l は整数)$$
と表せる。このとき
$$a-b=3(k-l)$$
となり a, b の差が3の倍数となるので題意が示された。q.e.d

鳩の巣原理　まとめ

n 個の巣に $n+1$ 羽の鳩を入れる場合，必ずどれかの巣は2羽以上入ることになる。

「たくさんあるものの中で，2つ（以上）は同じ」ことを示す場合鳩の巣原理が有効だよ。

また，鳩の巣原理はディリクレ（ドイツの数学者，1805−1859）が発見したので大学以上では**ディリクレの引き出し論法**と呼ぶことが多いよ。

第3部 「整数の性質」

第6講
ユークリッドの互除法

- 単元1 【発展】ユークリッドの互除法
- 単元2 【発展】nで表される2数の最大公約数
- 単元3 （ ）（ ）＝整数
- 単元4 不定方程式 $ax+by=c$
- 単元5 n 進法
- 単元6 【発展】ガウス記号

第6講のポイント

第6講「ユークリッドの互除法」では「ユークリッドの互除法」「nで表される2数の最大公約数」「不定方程式 $ax+by=c$」などを扱います。
ユークリッドの互除法を用いた様々な応用問題を学習していきましょう。

単元1 発展 ユークリッドの互除法

今回のテーマはユークリッドの互除法だよ。
ポイントとなる性質は

> a を b で割ったときの商を q, 余りを r とすると
> a と b の最大公約数は b と r の最大公約数に等しい
> ─ Point ─

ことだよ。この性質を利用して a と b の最大公約数を求めることができるよ。

具体例で説明するね。

308 と 105 の最大公約数をユークリッドの互除法を用いて求めてみよう。

$$308 = 105 \times 2 + 98$$

より

308 と 105 の最大公約数 $=$ 105 と 98 の最大公約数 ………… ①

となるね。

また

$$105 = 98 \times 1 + 7$$

より

105 と 98 の最大公約数 $=$ 98 と 7 の最大公約数 ………… ②

となるね。

また

$$98 = 7 \times 14$$

となり 98 は 7 で割り切れるので

単元 ❶ 発展・ユークリッドの互除法　185

　　　98 と 7 の最大公約数は 7 ………… ③

となるね。

　①，②，③より

　　　308 と 105 の最大公約数は 7

となるね。

　それでは，問題をみてみよう。

例題　Q

問 次の問に答えよ。
(1) 884 と 323 の最大公約数を，ユークリッドの互除法を用いて求めよ。
(2) $37x+13y=1$ を満たす整数 x, y の組を 1 つ求めよ。
(3) $37x+13y=3$ を満たす整数 x, y の組を 1 つ求めよ。

荻島の解説

(1)　884 と 323 の最大公約数をユークリッドの互除法を用いて求めよう。

> a を b で割ったときの商を q，余りを r とすると
> a と b の最大公約数 $= b$ と r の最大公約数
> **Point**

を利用するんだよ。

　　　$884 = 323 \times 2 + 238$

より

　　　884 と 323 の最大公約数 $=$ 323 と 238 の最大公約数 ………… ①

$$\begin{array}{r} 2 \\ 323{\overline{\smash{)}}884} \\ 646 \\ \hline 238 \end{array}$$

となるね。
　また
$$323 = 238 \times 1 + 85$$
より

　　　　323 と 238 の最大公約数 = 238 と 85 の最大公約数 ………②

となるね。
　また
$$238 = 85 \times 2 + 68$$
より

　　　　238 と 85 の最大公約数 = 85 と 68 の最大公約数 ………③

となるね。
　また
$$85 = 68 \times 1 + 17$$
より

　　　　85 と 68 の最大公約数 = 68 と 17 の最大公約数 ………④

となるね。
　また
$$68 = 17 \times 4$$
となり 68 は 17 で割り切れるので

　　　　68 と 17 の最大公約数は 17 ………⑤

　①, ②, ③, ④, ⑤ より

　　884 と 323 の最大公約数は 17 ……………**答**

(2)　$37x + 13y = 1$ を満たす整数 x, y の組を 1 つ求めよう。
　この問題はユークリッドの互除法を利用するとうまく解決するよ。

　　　　$37 = 13 \times 2 + 11$ ………①′
より

単元 ❶ 発展・ユークリッドの互除法　187

　　　37 と 13 の最大公約数＝13 と 11 の最大公約数 ……… ①

となるね。

　また

　　　$13 = 11 \times 1 + 2$ ……… ②′

より

　　　13 と 11 の最大公約数＝11 と 2 の最大公約数 ……… ②

となるね。

　また

　　　$11 = 2 \times 5 + 1$ ……… ③′

より

　　　11 と 2 の最大公約数＝2 と 1 の最大公約数 ……… ③

となるね。

　また

　　　$2 = 1 \times 2$

となり 2 は 1 で割り切れるので

　　　2 と 1 の最大公約数は 1 ……… ④

　①，②，③，④より

　　37 と 13 の最大公約数は 1

となるね。つまり

　　37 と 13 は互いに素

となるね。

　①′，②′，③′を用いて

　　　$37x + 13y = 1$

を満たす整数 x，y を求めることができるよ。

第 6 講　ユークリッドの互除法

$$37 = 13 \times 2 + 11 \quad \cdots\cdots ①'$$
$$13 = 11 \times 1 + 2 \quad \cdots\cdots ②'$$
$$11 = 2 \times 5 + 1 \quad \cdots\cdots ③'$$

まず③'式より
$$1 = 11 - 2 \times 5 \quad \cdots\cdots ③''$$

となるね。②'式より
$$2 = 13 - 11 \times 1$$

となり，これを③''式に代入すると
$$1 = 11 - (13 - 11 \times 1) \times 5$$
$$= 11 - 13 \times 5 + 11 \times 5$$
$$= 11 \times 6 - 13 \times 5 \quad \cdots\cdots ③'''$$

となるね。次に①'式より
$$11 = 37 - 13 \times 2$$

となり，これを③'''式に代入すると
$$1 = (37 - 13 \times 2) \times 6 - 13 \times 5$$
$$= 37 \times 6 - 13 \times 12 - 13 \times 5$$
$$= 37 \times 6 - 13 \times 17$$
$$= 37 \times 6 + 13 \times (-17)$$

つまり
$$37 \times 6 + 13 \times (-17) = 1$$

となるので
$$37x + 13y = 1$$

を満たす整数 x, y の組の1つは
$$(x, y) = (6, -17) \quad \cdots\cdots 答$$

となるね。

このようにして
$$ax + by = 1 \quad (a, b は互いに素)$$

の整数解の組の1つは求められるよ。

単元❶ 発展・ユークリッドの互除法　189

(3)　$37x+13y=3$ を満たす整数 x, y の組を 1 つ求めよう。

(2) で $37x+13y=1$ を満たす整数 x, y を 1 組求めたね。

これを利用すると，$37x+13y=3$ を満たす整数 x, y がすぐに求まるよ。

(2) より

$$37\times6+13\times(-17)=1$$

両辺を 3 倍する

$$37\times18+13\times(-\mathbf{51})=3$$

これで $37x+13y=3$ を満たす整数 x, y の組の 1 つは

$$(x, y)=(18, -51)\quad\cdots\cdots\text{答}$$

と求まるね。

それでは，解答をみてみよう。

解 答　A

(1)　$884=323\times2+238$
　　$323=238\times1+85$
　　$238=85\times2+68$
　　$85=68\times1+17$
　　$68=17\times4$

（$a=bq+r$ のとき
a と b の最大公約数
$=b$ と r の最大公約数）

より 884 と 323 の最大公約数は **17** ……… 答

(2)　$37=13\times2+11$
　　$13=11\times1+2$
　　$11=2\times5+1$

（$11=37-13\times2$ ……①
$2=13-11\times1$ ……②
$1=11-2\times5$）

より

第6講 ユークリッドの互除法

$$1 = 11 - 2 \times 5$$
$$= 11 - (13 - 11 \times 1) \times 5 \quad \text{②式}$$
$$= 11 \times 6 - 13 \times 5$$
$$= (37 - 13 \times 2) \times 6 - 13 \times 5 \quad \text{①式}$$
$$= 37 \times 6 + 13 \times (-17)$$

となるので $37x + 13y = 1$ を満たす整数 $x,\ y$ の組の1つは

$$(x,\ y) = (6,\ -17) \cdots\cdots\text{答}$$

(3) (2)より
$$37 \times 6 + 13 \times (-17) = 1$$
であり，両辺を3倍すると
$$37 \times 18 + 13 \times (-51) = 3$$
となるので $37x + 13y = 3$ を満たす整数 $x,\ y$ の組の1つは

$$(x,\ y) = (18,\ -51) \cdots\cdots\text{答}$$

ユークリッドの互除法　まとめ

ユークリッドの互除法では

> a を b で割ったときの商を q，余りを r とすると
> a と b の最大公約数は b と r の最大公約数に等しい

という性質を利用するよ。
また
$$ax + by = 1 \quad (a と b が互いに素)$$
の整数解の1つをユークリッドの互除法を用いて求めることができるよ。

単元2 発展 n で表される2数の最大公約数

今回はまず

  $5n+40$ と $2n+19$ の最大公約数が5になるような20以下の自然数 n をすべて求めよ。

という問題から考えていこう。

この種の問題では，**ユークリッドの互除法**が非常に有効だよ。

  $5n+40 = 2(2n+19) + n+2$

より

  $5n+40$ と $2n+19$ の最大公約数 $= 2n+19$ と $n+2$ の最大公約数

となるね。

また

  $2n+19 = 2(n+2) + 15$

より

  $2n+19$ と $n+2$ の最大公約数 $= n+2$ と 15 の最大公約数

となるね。

こうやって n で表される2数の最大公約数の問題をユークリッドの互除法を用いて解くことができるよ。

それでは，問題をみてみよう。

例題 Q

問 次の問に答えよ。
(1) $5n+40$ と $2n+19$ の最大公約数が 5 になるような 20 以下の自然数 n をすべて求めよ。
(2) n は自然数とする。
n^2+n+1 と $n+1$ は互いに素であることを証明せよ。

荻島の解説

(1) $5n+40$ と $2n+19$ の最大公約数が 5 になるような 20 以下の自然数 n をすべて求めよう。

$$5n+40 = 2(2n+19) + n+2$$

より

$5n+40$ と $2n+19$ の最大公約数
$= 2n+19$ と $n+2$ の最大公約数 ………… ①

となるね。
また

$$2n+19 = 2(n+2) + 15$$

より

$2n+19$ と $n+2$ の最大公約数
$= n+2$ と 15 の最大公約数 ………… ②

となるね。
①,②より

$5n+40$ と $2n+19$ の最大公約数 $= n+2$ と 15 の最大公約数

となるので

$n+2$ と 15 の最大公約数 $= 5$

単元 ❷ 発展・n で表される 2 数の最大公約数　193

となれば OK だね。

ここで
$$15 = 3 \times 5$$
となるので $n+2$ は

　　5 の倍数　かつ　3 の倍数でない

n+2が3の倍数だと，最大公約数も3の倍数となってしまう。

の 2 条件を満たせばいいね。

また，$n+2$ の範囲は
$$1 \leq n \leq 20$$
より
$$3 \leq n+2 \leq 22$$
辺々に 2 をたした。

この範囲で「5 の倍数かつ 3 の倍数でない」を考えて
$$n+2 = 5,\ 10,\ 20$$

n+20 = 5, 10, 15, 20
5 の倍数かつ 3 の倍数でない。

よって
$$n = 3,\ 8,\ 18 \quad \cdots\cdots 答$$

---

(2)　n^2+n+1 と $n+1$ は互いに素であることを証明しよう。

n^2+n+1 と $n+1$ の最大公約数が 1 となることを示せばいいんだよ。

この問題もユークリッドの互除法で解決するよ。
$$n^2+n+1 = n(n+1)+1$$

$$\begin{array}{r} n \\ n+1 \overline{)\,n^2+n+1\,} \\ \underline{n^2+n} \\ 1 \end{array}$$

より

　　n^2+n+1 と $n+1$ の最大公約数

　　$= n+1$ と 1 の最大公約数 ………①

となるね。

また
$$n+1 = 1 \cdot (n+1)$$

$$\begin{array}{r} n+1 \\ 1\overline{)\,n+1\,} \\ \underline{n+1} \\ 0 \end{array}$$

より　$n+1$ は 1 で割り切れるので

　　$n+1$ と 1 の最大公約数は 1 ………②

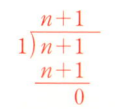

第 6 講　ユークリッドの互除法

①，②より n^2+n+1 と $n+1$ の最大公約数が 1 となるので，n^2+n+1 と $n+1$ は互いに素となるね。

それでは，解答をみてみよう。

解答 ----A

(1) $5n+40 = 2(2n+19)+n+2$

$2n+19 = 2(n+2)+15$

より

$5n+40$ と $2n+19$ の最大公約数 $= n+2$ と 15 の最大公約数

であり

$15 = 3\times 5$

$3 \leqq n+2 \leqq 22$

となるので

$n+2 = 5,\ 10,\ 20$

となれば良いので

$n = 3,\ 8,\ 18$ ……答

> $a = bq+r$ のとき
> a と b の最大公約数
> $= b$ と r の最大公約数

> $1 \leqq n \leqq 20$ より
> $3 \leqq n+2 \leqq 22$

> $n+2$ が 5 の倍数
> かつ 3 の倍数でない

(2) $n^2+n+1 = n(n+1)+1$

より

n^2+n+1 と $n+1$ の最大公約数 $= n+1$ と 1 の最大公約数

であり

$n+1$ と 1 の最大公約数は 1

となるので

n^2+n+1 と $n+1$ の最大公約数は 1

となり

n^2+n+1 と $n+1$ は互いに素となる。q.e.d

単元 ❷ 発展・n で表される 2 数の最大公約数　195

第 **6** 講　ユークリッドの互除法

n で表される 2 数の最大公約数　まとめ

n^2+n+1 と $n+1$ などの n で表される 2 数の最大公約数を求めるときは，**ユークリッドの互除法**が非常に有効だよ。

単元3 ( )( )=整数

x, y が整数で
$$xy = 12$$
となる x, y を考えていこう。
$$(x, y) = (1, 12), (2, 6), \cdots$$
などがあるね。ともにマイナスの
$$(x, y) = (-1, -12), (-2, -6), \cdots$$
などもあるね。x, y が整数なので
$$(x, y) = \left(24, \frac{1}{2}\right), \cdots$$
などはダメだよ。

12 の約数を考えて
$$(x, y) = (1, 12), (2, 6), (3, 4), (4, 3), (6, 2), (12, 1),$$
$$(-1, -12), (-2, -6), (-3, -4), (-4, -3),$$
$$(-6, -2), (-12, -1)$$
の 12 組あるよ。

それでは、問題をみてみよう。

例題

問 次の等式を満たす整数 x, y の組をすべて求めよ。

(1) $(x+2)(y-5) = 7$

(2) $xy - 3x + 4y = 17$

(3) $3xy + x - 2y = 2$

荻島の解説

(1) $(x+2)(y-5) = 7$ を満たす整数 x, y を求めよう。

x, y が整数のとき $x+2$, $y-5$ も整数となるね。

7の約数を考えて

$$(x+2, y-5) = (1, 7), (7, 1), (-1, -7), (-7, -1)$$

となるね。

$$(x+2, y-5) = (1, 7)$$

のときは

$$\begin{cases} x+2 = 1 \\ y-5 = 7 \end{cases}$$

より

$$(x, y) = (-1, 12)$$

となるね。このようにそれぞれ x, y を求めて

$$(\boldsymbol{x}, \boldsymbol{y}) = (-1, 12), (5, 6), (-3, -2), (-9, 4) \quad \text{答}$$

(2) $xy - 3x + 4y = 17$ を満たす整数 x, y を求めよう。

$xy = 17$ ならば 17 の約数を考えて

$$(x, y) = (1, 17), (17, 1), (-1, -17), (-17, -1)$$

とすぐに解決するね。

$xy-3x+4y=17$ を約数で絞り込める形に式変形しよう。**因数分解**の形をつくるんだ。少し技巧的だけど，しっかり理解してね。

$$xy-3x+4y=17$$

まず

$$(x\quad)(y\quad)$$

の形をイメージしてね。

$-3x$ と $4y$ に着目して

$$(x+4)(y-3)$$

を考えるよ。よって

$xy-3x+4y=17$

$\iff (x+4)(y-3)+12=17$

> $xy-3x+4y=17$

> $(x+4)(y-3)$ を展開すると
> $xy-3x+4y\underline{-12}$
> これがじゃま

となるね。さらに

$(x+4)(y-3)+12=17$

$(x+4)(y-3)=5$

これで約数で絞り込めるね。

5 の約数を考えて

$(x+4,\ y-3)=(1,\ 5),\ (5,\ 1),\ (-1,\ -5),\ (-5,\ -1)$

となるね。

これらを解いて

$(\boldsymbol{x},\ \boldsymbol{y})=(-3,\ 8),\ (1,\ 4),\ (-5,\ -2),\ (-9,\ 2)$ …… **答**

(3) $3xy+x-2y=2$ を満たす整数 $x,\ y$ を求めよう。

(2) と同じように，**因数分解**の形をつくるよ。

今回は xy の係数が 3 となっているね。

> $3xy+x-2y=2$

このようなときは両辺を 3 で割って，xy の係数を 1 にすると分かりやすいよ。

$$3xy+x-2y=2$$

両辺を 3 で割る

$$xy + \frac{x}{3} - \frac{2y}{3} = \frac{2}{3}$$

ここから，まず

$$(x \quad)(y \quad)$$

をイメージしよう。

$\dfrac{x}{3}$ と $-\dfrac{2y}{3}$ に着目して

$$\left(x - \frac{2}{3}\right)\left(y + \frac{1}{3}\right)$$

を考えるよ。よって

$$xy + \frac{x}{3} - \frac{2y}{3} = \frac{2}{3}$$

$$\iff \left(x - \frac{2}{3}\right)\left(y + \frac{1}{3}\right) + \frac{2}{9} = \frac{2}{3}$$

> $xy + \dfrac{x}{3} - \dfrac{2y}{3} = \dfrac{2}{3}$

> $\left(x - \dfrac{2}{3}\right)\left(y + \dfrac{1}{3}\right)$ を展開すると
> $xy + \dfrac{x}{3} - \dfrac{2y}{3} \underline{- \dfrac{2}{9}}$
> これがじゃま

となるね。さらに

$$\left(x - \frac{2}{3}\right)\left(y + \frac{1}{3}\right) = \frac{2}{3} - \frac{2}{9}$$

$$\left(x - \frac{2}{3}\right)\left(y + \frac{1}{3}\right) = \frac{4}{9}$$

両辺を 9 倍すると

$$(3x - 2)(3y + 1) = 4$$

> 左辺は
> $9\left(x - \dfrac{2}{3}\right)\left(y + \dfrac{1}{3}\right)$
> $= 3\left(x - \dfrac{2}{3}\right) \cdot 3\left(y + \dfrac{1}{3}\right)$
> $= (3x - 2)(3y + 1)$
> となるよ。

となるね。

$3x - 2$, $3y + 1$ はともに整数となるので，4 の約数を考えて

$$(3x - 2,\ 3y + 1) = (1,\ 4),\ (2,\ 2),\ (4,\ 1)$$
$$(-1,\ -4),\ (-2,\ -2),\ (-4,\ -1)$$

と絞り込めるね。

ただし今回はこの 6 組のすべてに対して，x, y が存在するわけではないよ。

たとえば
$$\begin{cases} 3x-2=2 \\ 3y+1=2 \end{cases}$$
のとき
$$(x,\ y)=\left(\frac{4}{3},\ \frac{1}{3}\right)$$
となり，$x,\ y$ が整数にならないのでマズイよね。

実際に解いてみて，整数になるものだけを解答にすればOKだよ。
$$(3x-2,\ 3y+1)=(1,\ 4),\ (2,\ 2),\ (4,\ 1)$$
$$(-1,\ -4),\ (-2,\ -2),\ (-4,\ -1)$$
より
$$(x,\ y)=(1,\ 1),\ \left(\frac{4}{3},\ \frac{1}{3}\right),\ (2,\ 0)$$
$$\left(\frac{1}{3},\ \frac{-5}{3}\right),\ (0,\ -1),\ \left(-\frac{2}{3},\ -\frac{2}{3}\right)$$
となり，$x,\ y$ が整数であるので
$$\boldsymbol{(x,\ y)=(1,\ 1),\ (2,\ 0),\ (0,\ -1)} \cdots\cdots 答$$

それでは，解答をみてみよう。

解 答　A

(1)　$(x+2)(y-5)=7$
より
$$(x+2,\ y-5)=(1,\ 7),\ (7,\ 1),\ (-1,\ -7),\ (-7,\ -1)$$
$$\boldsymbol{(x,\ y)=(-1,\ 12),\ (5,\ 6),\ (-3,\ -2),\ (-9,\ 4)} \cdots\cdots 答$$

単元 ❸ ( )( )=整数　201

(2)　$xy-3x+4y=17$
　　　$(x+4)(y-3)+12=17$　　→ 因数分解の形に変形
　　　$(x+4)(y-3)=5$
となるので
　　　$(x+4,\ y-3)=(1,\ 5),\ (5,\ 1),\ (-1,\ -5),\ (-5,\ -1)$
　　　$(\boldsymbol{x},\ \boldsymbol{y})=(-3,\ 8),\ (1,\ 4),\ (-5,\ -2),\ (-9,\ 2)$　……　**答**

(3)　$3xy+x-2y=2$
両辺を3で割って
　　　$xy+\dfrac{x}{3}-\dfrac{2y}{3}=\dfrac{2}{3}$
　　　$\left(x-\dfrac{2}{3}\right)\left(y+\dfrac{1}{3}\right)+\dfrac{2}{9}=\dfrac{2}{3}$　　→ 因数分解の形に変形
　　　$\left(x-\dfrac{2}{3}\right)\left(y+\dfrac{1}{3}\right)=\dfrac{4}{9}$

両辺を9倍する
　　　$(3x-2)(3y+1)=4$

> 左辺は
> $9\left(x-\dfrac{2}{3}\right)\left(y+\dfrac{1}{3}\right)$
> $=3\left(x-\dfrac{2}{3}\right)\cdot 3\left(y+\dfrac{1}{3}\right)$
> $=(3x-2)(3y+1)$
> となるよ。

となるので
　　　$(3x-2,\ 3y+1)=(1,\ 4),\ (2,\ 2),\ (4,\ 1)$
　　　　　　　　　　　$(-1,\ -4),\ (-2,\ -2),\ (-4,\ -1)$
$x,\ y$ が整数であるので
　　　$(\boldsymbol{x},\ \boldsymbol{y})=(1,\ 1),\ (2,\ 0),\ (0,\ -1)$　……　**答**

第**6**講　ユークリッドの互除法

( )( )=整数　　**まとめ**

$xy-3x+4y=17$ などの問題では
　　　$(x+4)(y-3)=5$
のように因数分解の形に持ち込むことがポイントだよ。

単元 4 不定方程式 $ax+by=c$

今日はまず

「$3x-7y=1$ を満たす整数解をすべて求めよ」

という問題から解いていこう。

$3x-7y=1$ では少し難しいので $3x-7y=0$ からまず解説するね。

$3x-7y=0$

のとき

$3x=7y$

となるね。これを満たす整数解は無数に存在するよ。

例えば

$(x, y)=(7, 3)$
$(x, y)=(14, 6)$
$(x, y)=(-21, -9)$
⋮

> $3\cdot 7=7\cdot 3$
> $3\cdot 14=7\cdot 6$
> $3\cdot(-21)=7\cdot(-9)$

など無数にあるね。これを文字を用いて表していこう。

$3x=7y$

これを満たす整数解 (x, y) を求めたいんだ。

x が整数のとき $3x$ は 3 の倍数となるね。

また y が整数のとき $7y$ は 7 の倍数となるね。

$3x=7y$

の左辺が 3 の倍数,右辺が 7 の倍数となるので

　　3 の倍数かつ 7 の倍数

で 21 の倍数となるね。21 の倍数は

<u>3 と 7 の最小公倍数</u>

$21k$ （k は整数）

と書けるので

$3x = 7y = 21k$

となるね。

$3x = 21k$

より

$x = 7k$

また

$7y = 21k$

より

$y = 3k$

となるので

$(x, y) = (7k, 3k)$ （k は整数）

となるね。

> $k = 1$ のとき $(x, y) = (7, 3)$
> $k = 2$ のとき $(x, y) = (14, 6)$
> $k = -3$ のとき $(x, y) = (-21, -9)$

それでは，問題をみてみよう。

例題 Q

問 次の問に答えよ。
(1) $3x - 7y = 1$ を満たす整数解をすべて求めよ。
(2) $3x - 4y = 5$ を満たす整数 (x, y) について，$|x - y - 5|$ の最小値を求めよ。

荻島の解説

(1) $3x-7y=1$ を満たす整数解をすべて求めよう。

まず，$3x-7y=1$ を満たす (x, y) を1つ求めよう。

$$(3の倍数)-(7の倍数)=1$$

だから

$$3\cdot 5-7\cdot 2=1$$

つまり $(x, y)=(5, 2)$ が $3x-7y=1$ の解の1つとなるね。

$3x-7y=1$ と $3\cdot 5-7\cdot 2=1$ の差をとって

$$\begin{array}{r} 3x-7y=1 \\ -)3\cdot 5-7\cdot 2=1 \\ \hline 3(x-5)-7(y-2)=0 \end{array}$$

となるね。さらに

$$3(x-5)-7(y-2)=0$$
$$3(x-5)=7(y-2)$$

となり，$3(x-5)$ は3の倍数，$7(y-2)$ は7の倍数となるので

$$3(x-5)=7(y-2)=\boxed{21k} \quad (k\text{は整数})$$

とおけるね。

$$3(x-5)=21k$$

より 「両辺を3で割った」

$$x-5=7k$$
$$x=7k+5$$

また

$$7(y-2)=21k$$

より 「両辺を7で割った」

$$y-2=3k$$
$$y=3k+2$$

> 3の倍数かつ7の倍数は21の倍数となるよ。

単元 ❹ 不定方程式 $ax+by=c$　205

以上より
　　$(x, y)=(7k+5, 3k+2)$　(k は整数) …… 答

(2)　$3x-4y=5$ を満たす整数 (x, y) について，$|x-y-5|$ の最小値を求めよう。

まず $3x-4y=5$ を満たす整数 (x, y) を求めよう。

そのために $3x-4y=5$ を満たす (x, y) をまず 1 つ求めるんだよ。

　　(3 の倍数)－(4 の倍数)＝5

だから

　　$3\cdot 3-4\cdot 1=5$

つまり $(x, y)=(3, 1)$ が $3x-4y=5$ の解の 1 つとなるね。

$3x-4y=5$ と $3\cdot 3-4\cdot 1=5$ の差をとって

$$\begin{array}{r}3x-4y=5\\-)3\cdot 3-4\cdot 1=5\\\hline 3(x-3)-4(y-1)=0\end{array}$$

となるね。さらに

　　$3(x-3)-4(y-1)=0$

　　$3(x-3)=4(y-1)$

となり $3(x-3)$ は 3 の倍数，$4(y-1)$ は 4 の倍数となるので

　　$3(x-3)=4(y-1)=\boxed{12k}$　(k は整数)

とおけるね。

　　$3(x-3)=12k$

より（両辺を 3 で割った）

　　$x-3=4k$

　　$x=4k+3$

また

　　$4(y-1)=12k$

より

> 3 の倍数かつ 4 の倍数は 12 の倍数となるよ。

第6講　ユークリッドの互除法

$y-1=3k$

$y=3k+1$

となるので

$(x, y)=(4k+3, 3k+1)$ （k は整数）

となるね。この x, y に対して，$|x-y-5|$ の最小値を求めよう。

$x-y-5=4k+3-(3k+1)-5$
$=k-3$

より

$|x-y-5|=|k-3|$

となるね。k は整数だから

$k=-1, 0, 1, 2, 3, 4, \cdots$

を代入してみると

$|-1-3|, |0-3|, |1-3|, |2-3|, |3-3|, |4-3|, \cdots$
　4,　　　3,　　　2,　　　1,　　　0,　　　1,　　$\cdots$

となり $k=3$ のとき**最小値 0** と分かるね。……**答**

それでは，解答をみてみよう。

解 答　A

(1) 　　$3x-7y=1$
　　$-)\ 3\cdot 5-7\cdot 2=1$
　　――――――――――
　　　$3(x-5)-7(y-2)=0$
　　　$3(x-5)=7(y-2)$

3 と 7 が互いに素であるから

<u>2数の最大公約数が1</u>

　$3(x-5)=7(y-2)=21k$　（k は整数）

とおける。これを解いて　3×7

　　$(x, y)=(7k+5, 3k+2)$　（k は整数）……**答**

(2)
$$\begin{array}{r} 3x-4y=5 \\ -)\ 3\cdot3-4\cdot1=5 \\ \hline 3(x-3)-4(y-1)=0 \end{array}$$
$$3(x-3)=4(y-1)$$

3と4が互いに素であるから

$$3(x-3)=4(y-1)=12k \quad (k\text{ は整数})$$

とおける。これを解いて $\underbrace{3\times4}$

$$(x,\ y)=(4k+3,\ 3k+1) \quad (k\text{ は整数})$$

となる。このとき

$$|x-y-5|=|4k+3-(3k+1)-5|$$
$$=|k-3|$$

となるので $k=3$ のとき **最小値 0** …… **答**

不定方程式 $ax+by=c$ まとめ

$ax+by=c$ を解く手順は

Step 1 $ax+by=c$ を満たす特殊解 $(x,\ y)=(x_1,\ y_1)$ をみつける。

Step 2
$$\begin{array}{r} ax+by=c \\ -)\ ax_1+by_1=c \\ \hline a(x-x_1)+b(y-y_1)=0 \end{array}$$
$$a(x-x_1)=-b(y-y_1)$$

を考える。

Step 3 a と b の最小公倍数を d とすると

$$a(x-x_1)=-b(y-y_1)=dk \quad (k\text{ は整数})$$

とおけるので

$$(x,\ y)=\left(\frac{d}{a}k+x_1,\ -\frac{d}{b}k+y_1\right)$$

となるよ。

第 **6** 講 ユークリッドの互除法

単元 5　n 進法

　今回のテーマは n 進法だよ。
　普段，私たちが使っている数は 10 進法で表された数だよ。
　例えば 1212 は
$$1212 = 1000+200+10+2$$
$$= 1\times 10^3+2\times 10^2+1\times 10^1+2\times 10^0$$
と表すことができるね。
　これに対して 3 進法で表された 1212 は $1212_{(3)}$ と書き，$1212_{(3)}$ を 10 進法で表された数で表すと

（10進数というよ。）

$$1\times 3^3+2\times 3^2+1\times 3^1+2\times 3^0$$
$$=27+18+3+2$$
$$=50$$
となるよ。
　逆に 50 を 3 進法で表す方法を説明するね。
まず
$$50\div 3 = ⑯ \cdots \boxed{2}$$
の計算結果を

$$\begin{array}{r} 3\,)\,50 \\ \hline ⑯ \cdots \boxed{2} \end{array}$$

（商　余り）

と書くよ。
　続いて
$$16\div 3 = ⑤ \cdots \boxed{1}$$

の計算結果を追加して

$$3 \overline{\smash{)}50}$$
$$3 \overline{\smash{)}16} \cdots 2$$
$$⑤ \cdots \boxed{1}$$

さらに

$$5 \div 3 = ① \cdots \boxed{2}$$

の計算結果を追加して

$$3 \overline{\smash{)}50}$$
$$3 \overline{\smash{)}16} \cdots 2$$
$$3 \overline{\smash{)}5} \cdots 1$$
$$① \cdots \boxed{2}$$

となる。これを矢印の順に書いて

$$1212_{(3)}$$

となるよ。

それでは，問題をみてみよう。

例題 Q

問 [1] 次の数を 10 進法で表せ。
(1) $3142_{(5)}$　　(2) $22102_{(3)}$

[2] 次の 10 進法で表された数を [ ] 内の表し方で表せ。
(1) 54 [2 進法]　　(2) 172 [5 進法]

[3] 10 進法の 145 を n 進法で表すと $221_{(n)}$ となるような 3 以上の自然数 n を求めよ。

荻島の解説

[1]　(1) $3142_{(5)}$ を10進法で表そう。

5進法で表されているので

$$3 \times 5^3 + 1 \times 5^2 + 4 \times 5^1 + 2 \times 5^0$$

となるね。さらに

$$3 \times 5^3 + 1 \times 5^2 + 4 \times 5^1 + 2 \times 5^0$$
$$= 3 \times 125 + 1 \times 25 + 4 \times 5 + 2 \times 1$$
$$= 375 + 25 + 20 + 2$$
$$= 422 \quad \cdots\cdots\text{答}$$

(2)　$22102_{(3)}$ を10進法で表そう。

3進法で表されているので

$$2 \times 3^4 + 2 \times 3^3 + 1 \times 3^2 + 0 \times 3^1 + 2 \times 3^0$$

となるね。さらに

$$2 \times 3^4 + 2 \times 3^3 + 1 \times 3^2 + 0 \times 3^1 + 2 \times 3^0$$
$$= 2 \times 81 + 2 \times 27 + 1 \times 9 + 0 \times 3 + 2 \times 1$$
$$= 162 + 54 + 9 + 0 + 2$$
$$= 227 \quad \cdots\cdots\text{答}$$

[2]　(1) 54を2進法で表そう。

$$54 \div 2 = 27 \quad \cdots \quad 0$$
$$27 \div 2 = 13 \quad \cdots \quad 1$$
$$13 \div 2 = 6 \quad \cdots \quad 1$$
$$6 \div 2 = 3 \quad \cdots \quad 0$$
$$3 \div 2 = 1 \quad \cdots \quad 1$$

となるので

$$54 = 110110_{(2)} \quad \cdots\cdots\text{答}$$

(2) 172 を 5 進法で表そう。

$$172 \div 5 = 34 \cdots 2$$
$$34 \div 5 = 6 \cdots 4$$
$$6 \div 5 = 1 \cdots 1$$

となるので

$172 = 1142_{(5)}$ ……………… 答

[3] 145 を n 進法で表すと $221_{(n)}$ となる 3 以上の自然数 n を求めよう。

n 進法で表された $221_{(n)}$ を 10 進法で表すと

$$2 \times n^2 + 2 \times n^1 + 1 \times n^0$$
$$= 2n^2 + 2n + 1$$

となるね。これが 145 となるので

$$2n^2 + 2n + 1 = 145$$

が成り立つね。さらに

$$2n^2 + 2n + 1 = 145$$
$$2n^2 + 2n - 144 = 0$$
$$n^2 + n - 72 = 0$$

（両辺を 2 で割った）

$$(n+9)(n-8) = 0$$

となり，$n \geqq 3$ より

$n = 8$ ……………… 答

それでは，解答をみてみよう。

解答 A

[1] (1) $3142_{(5)} = 3\times 5^3 + 1\times 5^2 + 4\times 5^1 + 2\times 5^0$
$= 375 + 25 + 20 + 2$
$= 422$ …**答**

(2) $22102_{(3)} = 2\times 3^4 + 2\times 3^3 + 1\times 3^2 + 0\times 3^1 + 2\times 3^0$
$= 162 + 54 + 9 + 0 + 2$
$= 227$ …**答**

[2] (1)
```
2)54
2)27 … 0
2)13 … 1
2) 6 … 1
2) 3 … 0
   1 … 1
```
より

$54 = 110110_{(2)}$ …**答**

(2)
```
5)172
5) 34 … 2
5)  6 … 4
    1 … 1
```
より

$172 = 1142_{(5)}$ …**答**

[3] $221_{(n)} = 2\times n^2 + 2\times n + 1\times n^0$
$= 2n^2 + 2n + 1$

より

$2n^2 + 2n + 1 = 145$
$n^2 + n - 72 = 0$
$(n+9)(n-8) = 0$

$n \geqq 3$ より

$n = 8$ …**答**

単元6 発展 ガウス記号

今日のテーマはガウス記号だよ。

ガウス記号の説明をするね。

x を超えない最大の整数を $[x]$ で表す。

意味を説明していくね。

$[5.4]$ は 5.4 を超えない最大の整数。

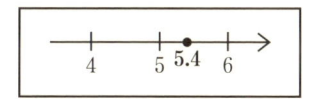

数直線を考えて $[5.4]=5$ となるね。

$[6.4]$ は 6.4 を超えない最大の整数だから 6。

では $[3]$ はどうなる？

$[3]$ は 3 を超えない最大の整数のことだね。

$[3]=2$ ではなく $[3]=3$ だよ。

3 は 3 を超えてはいないからね。

x が整数のとき

$$[x]=x$$

となるよ。

これを踏まえて $y=[x]$ のグラフを描いてみよう。

$[-2]=-2,\ [-1]=-1,\ [0]=0,\ [1]=1,\ [2]=2\ \cdots$

などから

$(-2,\ -2),\ (-1,\ -1),\ (0,\ 0),\ (1,\ 1),\ (2,\ 2),\ \cdots$

などの点は通るね。

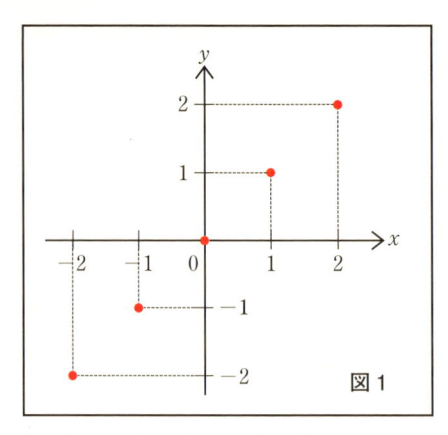

[1.1]＝1, [1.3]＝1, [1.9]＝1, …

などを考えると

　　　$1 \leqq x < 2$ のとき　　　[x]＝1

　同様にして

　　　$0 \leqq x < 1$ のとき　　　[x]＝0

　　　$-1 \leqq x < 0$ のとき　　　[x]＝−1

　　　$-2 \leqq x < -1$ のとき　　　[x]＝−2

となるね。これらを図1に描き加えていくよ。

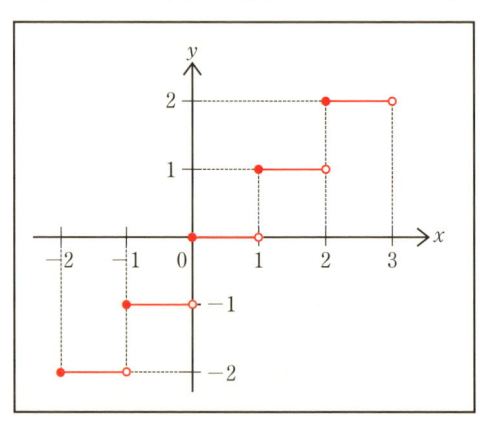

それでは，問題をみてみよう。

単元 ⑥ 発展・ガウス記号

例題 Q

問 [1] 次の等式を満たす x の範囲を求めよ。
(1) $[3x]=2$ (2) $[x]^2+3[x]=0$

[2] $\left[\dfrac{x}{5}\right]=0$, $\left[\dfrac{y}{2}\right]=-3$ であるとき，$[x+y]$ のとりうる値の最大値，最小値を求めよ。

荻島の解説

[1] (1) $[3x]=2$ を満たす x の範囲を求めよう。

$$[3x]=2$$

より

$$2 \leqq 3x < 3$$

となるね。

よって

$$\dfrac{2}{3} \leqq x < 1 \quad \text{答}$$

(2) $[x]^2+3[x]=0$ を満たす x の範囲を求めよう。

$$[x]^2+3[x]=0$$

より

$$[x]([x]+3)=0$$

と因数分解できるね。

さらに

$$[x]([x]+3)=0$$

より

$$[x]=0 \text{ または } [x]+3=0$$

となるね。

$[x]=0$ のとき

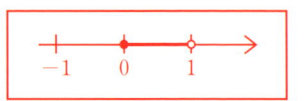

$0 \leqq x < 1$

$[x]+3=0$ のとき

$[x] = -3$

より

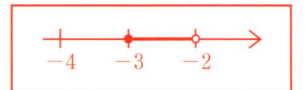

$-3 \leqq x < -2$

以上より

$-3 \leqq x < -2,\ 0 \leqq x < 1$ …………… 答

[2] (1) $\left[\dfrac{x}{5}\right]=0,\ \left[\dfrac{y}{2}\right]=-3$ であるとき，$[x+y]$ の最大値，最小値を求めよう。

まず $\left[\dfrac{x}{5}\right]=0$ より

$0 \leqq \dfrac{x}{5} < 1$

$0 \leqq x < 5$ ← 5倍した

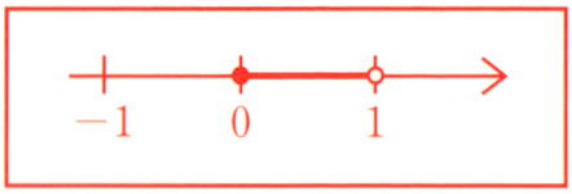

となるね。

さらに $\left[\dfrac{y}{2}\right]=-3$ より

$-3 \leqq \dfrac{y}{2} < -2$

$-6 \leqq y < -4$ ← 2倍した

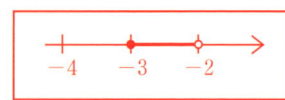

となるね。

$0 \leqq x < 5$

$-6 \leqq y < -4$

より

$0-6 \leqq x+y < 5-4$

$-6 \leqq x+y < 1$

> $a \leqq x < b$
> $c \leqq y < d$
> のとき
> $a+c \leqq x+y < b+d$
> が成り立つよ。

より
$$-6 \leqq [x+y] \leqq 0$$ 
となるね。

よって $[x+y]$ の**最大値は 0，最小値は -6**

それでは，解答をみてみよう。

解答 A

[1] (1) $[3x] = 2$

より
$$2 \leqq 3x < 3$$
$$\frac{2}{3} \leqq x < 1 \quad \cdots\cdots\cdots \text{答}$$

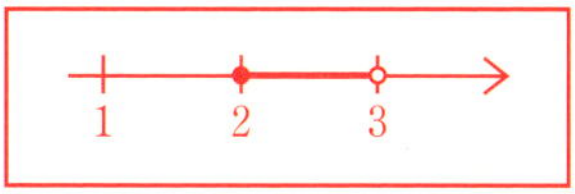

(2) $[x]^2 + 3[x] = 0$

より 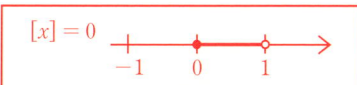 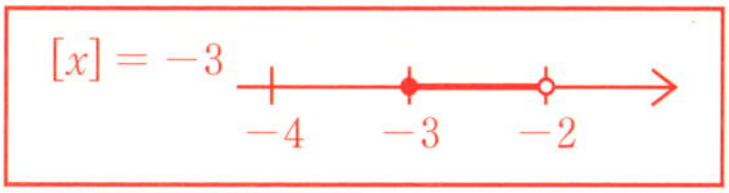
$$[x]([x]+3) = 0$$
$$[x] = 0, \ -3$$
$$-3 \leqq x < -2, \ 0 \leqq x < 1 \quad \cdots\cdots\cdots \text{答}$$

[2] $\left[\dfrac{x}{5}\right] = 0$

より
$$0 \leqq \frac{x}{5} < 1$$
$$0 \leqq x < 5 \quad \cdots\cdots \text{①}$$
$$\left[\frac{y}{2}\right] = -3$$

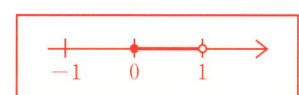

より

$$-3 \leqq \frac{y}{2} < -2$$

$$-6 \leqq y < -4 \ \cdots\cdots ②$$

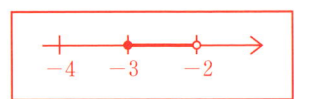

① + ② より

$$-6 \leqq x+y < 1$$

より

$$-6 \leqq [x+y] \leqq 0$$

以上より $[x+y]$ の最大値は 0, 最小値は -6

ガウス記号 **まとめ**

x を超えない最大の整数を $[x]$ で表すよ。

$y=[x]$ のグラフは下図となるよ。

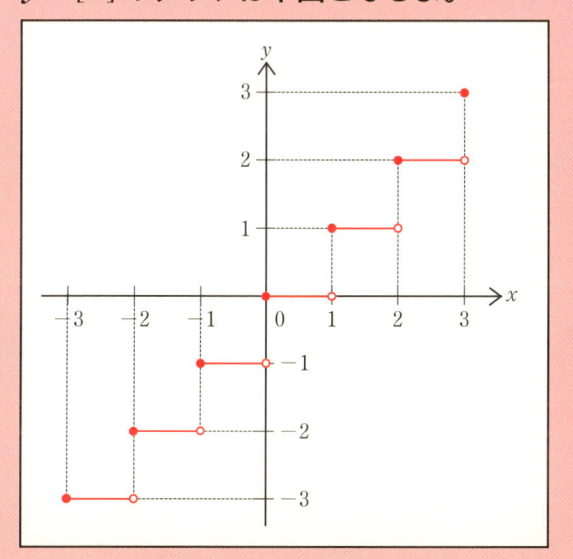

ちなみに，ガウスはドイツ人数学者の名前で，小学生のときの有名な話が残っているよ。

ある時，1 から 100 までの数字を足すように教師から課題を出された。それを彼は，$1+100=101$，$2+99=101$，…，$50+51=101$ となるので答えは $101 \times 50 = 5050$ だ，と解答して教師を驚かせた。その教師は「このような天才に自分に教えられることは何もない」と言ったそうだよ。

実際にこんな小学生に出合ったら恐ろしいね。

まとめINDEX

第1講 単元1 □□
隣り合う,隣り合わない問題 …………… P.025

- 特定のものが隣り合うとき
  ⟹ 1つの塊りとみる。
- 特定のものが隣り合わないとき
  ⟹ 特定のもの以外を並べて、その間または両端に特定のものを並べる。

第1講 単元2 □□ **円順列** ……………… P.031

円順列では回転して一致するものは同じものとみなす。同じものが出て来ないように1つのものを固定するとうまく解決するよ。

第1講 単元3 □□ **同じものを含む順列** P.035

n個のものの中にp個の同じもの、q個の同じもの、…があるとき、これらの順列の総数は

$$\frac{n!}{p!q!\cdots} \quad (p+q+\cdots=n)$$

第1講 単元4 □□ **最短経路の問題** …… P.040

最短経路の問題では、右（→）と上（↑）の並べ方に注目する。右（→）がm個、上（↑）がn個のとき、並べ方の総数は

$$\frac{(m+n)!}{m!n!} \quad 通り \quad となる。$$

第1講 単元5 □□ **組分けの問題** ……… P.044

組み分けの問題では
- Step 1 まず、すべての組に区別があるとして計算する。
- Step 2 実際には区別がないので [区別がない組の数]! で割る。（区別がない組の数）!でなく（区別がない組の数）!だよ。階乗（!）を忘れないでね！

第1講 単元6 □□
順序が決まっている順列 …………… P.046

aがeより左側にあるなど順序が決まっている場合はこれらを同じものとみるとうまく解決するよ。

第1講 単元7 □□ **倍数の条件** ………… P.053

- 2の倍数…1の位が2の倍数
- 3の倍数…各位の和が3の倍数
- 4の倍数…下2桁が4の倍数 または 00
- 5の倍数…1の位が5 または 0
- 9の倍数…各位の和が9の倍数

第1講 単元8 □□ **重複組合わせ** …… P.057

- $x+y+z=n$, $x\geq 0$, $y\geq 0$, $z\geq 0$ を満たす整数の組(x,y,z)の組の数は○がn個、|が2個の並べ方を考えて

$$\frac{(n+2)!}{n!2!} \quad 組 \quad となる。$$

- $x+y+z=n$, $x\geq 1$, $y\geq 1$, $z\geq 1$ を満たす整数の組(x,y,z)の組の数は$n-1$ヶ所の^から2ヶ所選んで|を1つずつ入れれば良いので

$$_{n-1}C_2 \quad 組 \quad となる。$$

第1講 単元9 □□ **二項定理** ………… P.060

$$(a+b)^n = {}_nC_0 a^n + {}_nC_1 a^{n-1}b + {}_nC_2 a^{n-2}b^2 + \cdots + {}_nC_n b^n$$

$$= \sum_{r=0}^{n} {}_nC_r a^{n-r}b^r$$

一般項と呼ぶ

第2講 単元1 □□ **サイコロの目と確率** P.076

- 同様に確からしい条件をクリアするためにサイコロはすべて区別して考えるよ。
- 和が8などの条件を考えるときは、まず $A\leq B\leq C$ など大小関係を入れて組合わせを考える。その後、それぞれの順列を考えるよ。

第2講 単元2 □□
袋から玉を取り出す確率 …………… P.080

- 玉はすべて区別して考えるよ。
- 取り出した玉の順番は考えないのでC（組み合わせ）で考えるよ。

第3講 単元1 □□ **反復試行の公式** …… P.086

事象Aが起こる確率をpとする。
n回試行において、Aがr回起こる確率は

$${}_nC_r p^r (1-p)^{n-r} \quad 同じ確率\ p^r(1-p)^{n-r}\ が\ {}_nC_r\ 通りあるという意味だよ！$$

第3講 単元2 □□
数直線を動く点の問題 ……………… P.090

- 反復試行の公式を使って解けるものが多いよ。
- 条件が複雑なときは、座標を使うとうまく解決するよ。

第3講 単元3 □□ **くじ引きの確率** … P.096

くじ引きでは当たる確率は順番に関係がなくすべて同じとなる。つまり

n番目の人が当たる確率 = 最初の人が当たる確率

となるよ。

まとめ INDEX

第3講 単元4 □□
さいころの目の最大値,最小値 …………… P.098

$P(\text{最大値が}k) = (\text{すべて}k\text{以下}) - (\text{すべて}k-1\text{以下})$

すべてk以下
すべてk-1以下
求めたいのはココの確率

$P(\text{最小値が}k) = (\text{すべて}k\text{以上}) - (\text{すべて}k+1\text{以上})$

すべてk以上
すべてk+1以上
求めたいのはココの確率

の関係を使ってうまく計算しよう！

第3講 単元5 □□
n回目に優勝が決まる問題 …………… P.102

$n-1$ 回目までの勝敗を考えて，さらに n 回目に勝つ確率を最後にかけるよ。

第3講 単元6 □□ **じゃんけん問題** … P.108

① 「何で勝つか」「誰が勝つか」に注目するよ。
② n 人のじゃんけんでは
  k 人勝つ確率 ＝ $n-k$ 人勝つ確率
を使ってうまく答をだすよ。
③ あいこは余事象で計算するよ。

第5講 単元1 □□
最大公約数・最小公倍数 …………… P.154

① $x = 2^a \times 3^b \times 5^c \times \cdots$
  $y = 2^{a'} \times 3^{b'} \times 5^{c'} \times \cdots$
と素因数分解されるとき
  最大公約数はそれぞれの指数の小さい方
  最小公倍数はそれぞれの指数の大きい方
を考えるよ。

② x と y の最大公約数を g とすると
  $x = x'g$
  $y = y'g$ （x' と y' は互いに素）
  $g\underline{)x\ y}$
   $\ \ \ x'\ y'$
   最大公約数が1
とおけるよ。

第5講 単元2 □□ $\sqrt{n}$ **が自然数となる** P.157

$\sqrt{n}$ が自然数となるためには n が平方数になればいいよ。このとき n を素因数分解して考えると分かりやすいよ。

第5講 単元3 □□
正の約数の個数・総和 …………… P.161

$x = 2^a \times 3^b \times 5^c \times \cdots$ と素因数分解されるとき
  x の正の約数の個数は
    $(a+1)(b+1)(c+1)\cdots$
  x の正の約数の総和は
    $(1+2+\cdots+2^a)(1+3+\cdots+3^b)$
    $(1+5+\cdots+5^c)\cdots$
となるよ。

第5講 単元4 □□ **末尾に並ぶ0の個数** P.165

$10 = 2 \times 5$ となるので，末尾に並ぶ0の個数を求めるには，素因数分解したときの2の指数と5の指数に着目するよ。

第5講 単元5 □□ **連続する整数の積** P.169

- 連続する2整数の積は偶数となるよ。
- 連続する3整数の積は6の倍数となるよ。
- 連続する r 整数の積は $r!$ の倍数となるよ。

第5講 単元6 □□
有理数 $\dfrac{n}{m}$ が整数となる …………… P.172

有理数 $\dfrac{n}{m}$ （m, n は整数）が整数となる条件は
  m が n の約数
となることだよ。（n が m の倍数としてもいいよ。）

第5講 単元7 □□
余りによる整数の分類 …………… P.176

整数 n を m で割った余りは
  $0, 1, 2, \cdots, m-1$
となるので，k を整数として
  $n = mk$
  $n = mk+1$
  $n = mk+2$
  $\vdots$
  $n = mk+m-1$
と m 種類に分類できるよ。

第5講 単元8 □□
互いに素であることの証明 …………… P.179

m と n が互いに素であることは，m と n の最大公約数が1となることだよ。
また，2数が互いに素であることを示すときに最大公約数 g とおいて，条件から $g=1$ を示す方法があるよ。

第5講 単元9 □□ **鳩の巣原理** ……… P.182

n 個の巣に $n+1$ 羽の鳩を入れる場合，必ずどれかの巣は2羽以上入ることになる。
「たくさんあるものの中で，2つ（以上）は同じ」ことを示す場合鳩の巣原理が有効だよ。
また，鳩の巣原理はディリクレ（ドイツの数学者，1805-1859）が発見したので大学以上ではディリクレの引き出し論法と呼ぶことが多いよ。

さくいん

記号・数字

! ································ 18
∈ ································ 10
∩ ································ 11
∪ ································ 11
⊂ ································ 10
ϕ ································ 10
$\sqrt{n}$ が自然数となる ·············· 155
2 の倍数の条件 ···················· 47
3 の倍数の条件 ···················· 47

英字

$A \cap B$ ································ 63
$A \cup B$ ································ 63
$n!$ ································ 18
$n(P \cup Q)$ ···························· 38
n 進法 ································ 208
n の階乗 ···························· 18
$P(A)$ ································ 62
$P(A \cup B)$ ···························· 64

ア行

余り ································ 146
因数 ································ 143
円順列 ································ 27
同じものを含む順列 ············ 33

カ行

ガウス記号 ···························· 213
数えもれ ································ 73
共通部分 ································ 11
空事象 ································ 62
空集合 ································ 10
くじ引きの確率 ···················· 91
組合わせ ································ 19
組分けの問題 ························ 41
合成数 ································ 142
公倍数 ································ 144
公約数 ································ 144
根元事象 ································ 62

サ行

サイコロの目 ························ 70
サイコロの目の最大値 ············ 95
最小公倍数 ···················· 144, 150
最大公約数 ···················· 144, 150
最短経路の問題 ···················· 36
座標を使う ···························· 89
試行 ································ 62, 66
事象 ································ 62
自然数 ································ 142
じゃんけんの確率 ···················· 103
集合 ································ 10
集合の要素の個数 ···················· 14
順序が決まっている順列 ············ 45
順列 ································ 17
同じものを含む順列の公式 ········ 55
商 ································ 146
数直線を動く点 ···················· 87
整数 ································ 142
整数の分類 ···················· 146, 173
整数の割り算 ························ 146
正の約数の個数 ···················· 158
正の約数の総和 ···················· 158
積事象 ································ 63
積の法則 ································ 16
全事象 ································ 62
全体事象 ································ 111
素因数分解 ···························· 142
属する ································ 10
素数 ································ 142

タ行

大小関係 ································ 73
互いに素 ···················· 145, 177
ダブルカウント ···················· 73
重複組合わせ ························ 54
独立 ································ 66
隣り合う場合 ························ 22
ドモルガンの法則 ···················· 12

二項定理	57	約数	142
倍数	142	約数の個数	144
倍数の条件	47	ユークリッドの互除法	148, 184
排反	64	優勝が決まる確率	99
鳩ノ巣原理	180	要素	10
反復試行	82, 100, 116	余事象	65, 95
袋から玉を取り出す確率	77		
不定方程式	202	**ラ行・ワ行**	
負の整数	142	連続する整数の積	166
部分集合	10	和事象	63
部屋割り論法	180	和集合	11
補集合	12	和集合の要素の個数	14
		和の法則	16
マ行・ヤ行		割り切れない	146
末尾に並ぶ0の個数	162	割り切れる	146

おわりに

数学がだんだん得意分野になっていくよ

　「場合の数，確率，整数の性質」の授業はここまで。よく頑張ったね。これで場合の数，確率，整数の性質の分野は十分に入試で通用する力が身についたはずだよ。最後にもう一度復習をしてみよう。自分の手を動かして問題を解いてみるんだ。ちゃんと理解しているなら最後の解答までたどり着けるけど，もし理解が浅いと途中で手がとまるだろうね。そんな問題があったら，もう一度解説を読んで，自分の手を動かして，解けるまで何度もやり直すべきだよ。

　受験数学の問題は決して簡単な問題ではないから，一回で解けるようになる必要はないんだ。何度もやり直して徐々に理解を深めていけばいいんだよ。そうやって解ける問題を一つひとつ増やしていくんだ。その地道な努力を続けていけば数学がだんだん得意分野になっていくよ。私と一緒に入試まで頑張りましょう！

カバー	●一瀬錠二（アートオブノイズ）
カバー写真	●川嶋隆義（スタジオポーキュパイン）
本文制作	●BUCH⁺
本文イラスト	●サワダサワコ

荻島の数学Ⅰ・Ａが初歩からしっかり身につく「場合の数＋確率＋整数の性質」

2014年4月25日　初版　第1刷発行

著　者　荻島 勝
発行者　片岡 巌
発行所　株式会社技術評論社
　　　　東京都新宿区市谷左内町 21-13
　　　　電話　03-3513-6150 販売促進部
　　　　　　　03-3267-2270 書籍編集部
印刷／製本　株式会社加藤文明社

定価はカバーに表示してあります。

本書の一部または全部を著作権法の定める範囲を越え、無断で複写、複製、転載、テープ化、ファイルに落とすことを禁じます。

©2014　荻島 勝

造本には細心の注意を払っておりますが、万一、乱丁（ページの乱れ）や落丁（ページの抜け）がございましたら、小社販売促進部までお送りください。送料小社負担にてお取り替えいたします。

ISBN978-4-7741-6317-8　C7041
Printed in Japan

●本書に関する最新情報は、技術評論社ホームページ(http://gihyo.jp/)をご覧ください。

●本書へのご意見、ご感想は、技術評論社ホームページ(http://gihyo.jp/)または以下の宛先へ書面にてお受けしております。電話でのお問い合わせにはお答えいたしかねますので、あらかじめご了承ください。

〒162-0846
東京都新宿区市谷左内町21-13
株式会社技術評論社書籍編集部
『荻島の数学Ⅰ・Ａが初歩からしっかり身につく「場合の数＋確率＋整数の性質」』係